en bâtiment & …

par L. CAR…

… NOUVELLE …

augmentée et illus…

CHEZ L'AUTEUR

… 58, Rue du Cha…

Le Peintre chez soi.

GUIDE DU PEINTRE

EN BATIMENT ET DÉCORATION

le Peintre chez soi

GUIDE
DU
PEINTRE
en bâtiment & décoration
par L. CARON

NOUVELLE ÉDITION
augmentée et illustrée.

CHEZ L'AUTEUR :
A PARIS, 58, Rue du Cherche-Midi.
et chez les Principaux Libraires.

1889

Imprimerie. Fabrique de Registres, GABRIEL GERBE, B⁰ˢ scˢc. 26, rue Rambuteau, PARIS

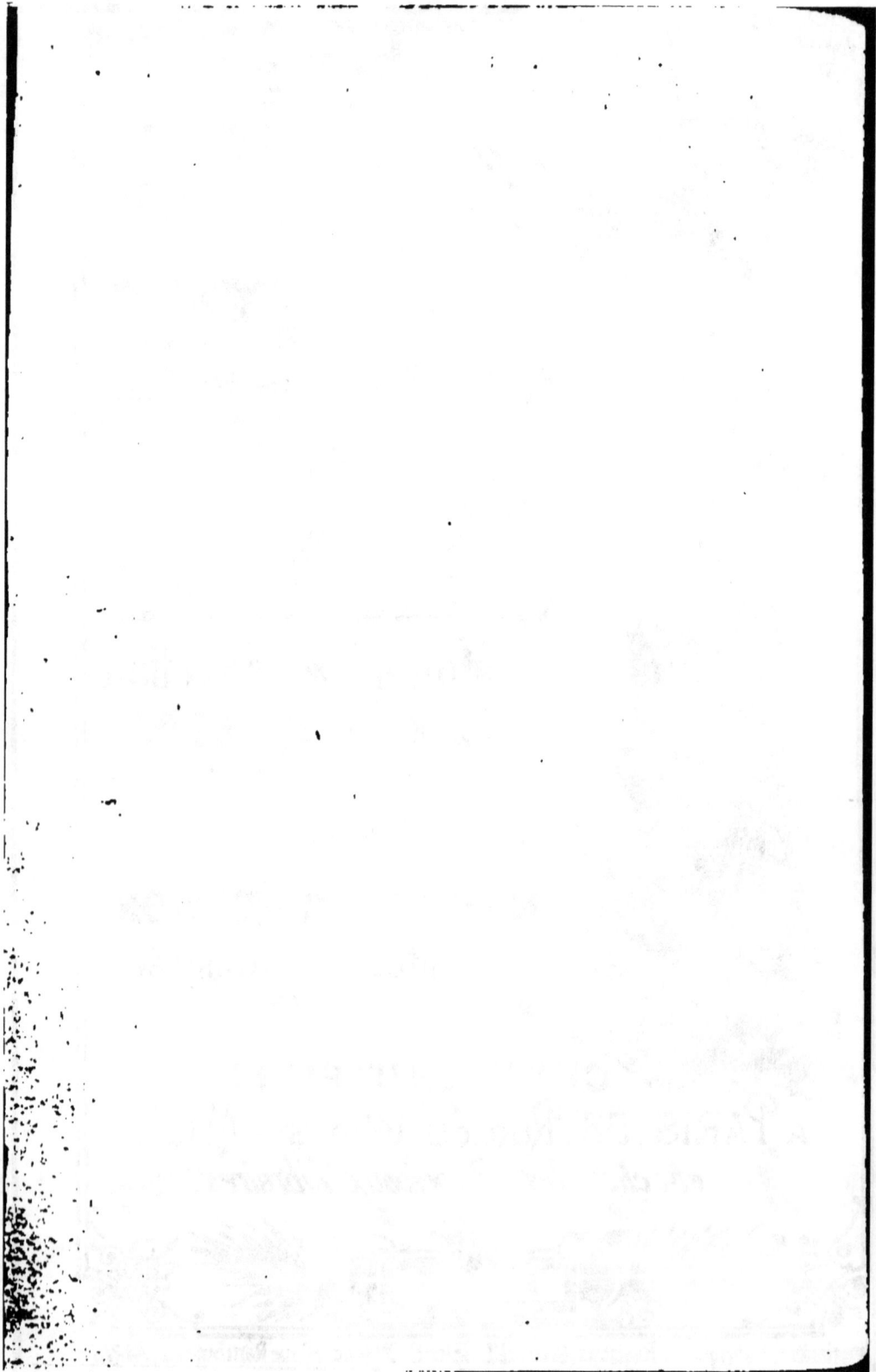

AVERTISSEMENT

« Ne point peindre, c'est diminuer
d'autant la durée des matériaux. »

La peinture en bâtiment est loin d'être un art mécanique; elle réclame, de la part du praticien, une connaissance approfondie des couleurs en usage, leur préparation, leur emploi, sur divers matériaux, et surtout beaucoup de goût dans la décoration ou dans l'harmonie des teintes pour ne point nuire à l'effet de chacune.

Le peintre en bâtiments est ordinairement chargé de l'exécution de ces travaux ; mais non seulement il y a des localités qui sont dépourvues de ces spécialistes, mais encore, loin des villes ou des centres industriels, il est difficile de se les procurer en temps opportun, pour des réparations urgentes; c'est pourquoi, à la campagne, ils sont souvent remplacés par des personnes étrangères à la profession et peu habituées à manier le pinceau, sous la surveillance des propriétaires, des fermiers et des manufacturiers.

Mais les peintures, achetées chez le premier marchand venu, laissent quelquefois à désirer comme préparation et l'expérience manquant à l'applicateur, le résulat est loin de satisfaire les exigences de l'ordonnateur, aussi la peinture est délaissée et les matériaux abandonnés aux injures du temps.

Cependant, quelle que soit la peinture qui sera employée, il y aura toujours économie à s'en servir, même par une main inhabile, car elle consolide les plâtres, elle arrête la pourriture des boiseries, plinthes ou lambris, et empêche l'oxydation des ferrures, etc.

Lorsqu'en 1884, nous avons fait paraître la deuxième édition de notre *Guide du Peintre* (tirée à 6,000 exemplaires) laquelle succédait à celle à un franc (édition 1882 tirée à 1.000 exemplaires) nous avions la certitude qu'elle répondait aux exigences du peintre en bâtiments et de l'amateur. Bien que le succès de cette édition à 2 francs ait été assuré par des documents pratiques, qui facilitaient l'emploi de la peinture à des personnes étrangères à la profession, le peintre, connaissant son métier, n'y trouvait pas les éléments qu'il cherche un peu partout, afin de se tenir au courant de ce qui se fait à Paris, c'est-à-dire, quelque chose de plus moderne en dehors des encyclopédies démodées, qui encombrent sa bibliothèque sans profit aucun pour son instruction.

C'est donc, sur les instances réitérées de quelques peintres en bâtiments, et de notre clientèle, que nous avons pris l'initiative de faire paraître une *nouvelle édition augmentée* et *illustrée* de notre *Guide du peintre* en bâtiments et décoration, qui sera, nous en sommes certains, accueillie favorablement par le peintre et par l'amateur.

Nous avons réuni dans cet ouvrage, tous les documents se rapportant à la peinture en général, les procédés les plus pratiques, les conseils les plus désintéressés, et à la portée de tout le monde, pour l'emploi de tous les genres de peintures :

Peinture à l'huile,
Peinture à la détrempe,
Peinture à la chaux,
Peinture décorative,
Peinture artistique,
Peinture d'équipages, etc.

En effet, il ne suffit pas de barbouiller avec une brosse pour savoir peindre, il convient de le faire suivant les principes établis par la pratique.

Nous avons, par une description succincte analysé l'outillage de chacune des professions ci-dessus, ainsi que le mélange des couleurs entre elles. — Nous avons surtout évité la reproduction des errements que contiennent les manuels de peinture, lesquels embarrassent l'amateur sur le choix des matières premières et de leur combinaison.

Nous avons voulu, par une nomenclature à la portée de tous,

...opager l'emploi de la *peinture décorative*, non seulement dans les villes, mais aussi dans les villages dépourvus d'ouvriers spéciaux ; c'est surtout là, que l'amateur, en suivant les préceptes de notre *guide*, pourra opérer lui-même ou diriger les travaux qu'il a ordonnés. Sans être une fatigue, la peinture sera désormais, non seulement une chose d'une utilité incontestable mais encore un passe temps fort agréable, et pour peu qu'on ait du goût, l'habileté ne tardera pas à venir, car il faut toujours faire un apprentissage. Nous avons, dans un chapitre spécial, donné un aperçu de la dorure à l'eau et à l'huile, du bronzage, des mesures des vitres et du papier peint.

Afin de répondre aux besoins de l'entrepreneur, nous avons fait suivre cet ouvrage d'un prix courant (sauf variations) des matières premières et d'un tarif basé sur la série des prix officiels de 1889 pour le règlement de ses travaux.

Quelques recettes et procédés inédits complètent l'ouvrage et seront, nous n'en doutons pas, agréés de nos lecteurs qui en feront leur profit.

Nous ne craignons pas la critique, toujours disposée à s'emparer d'une chose nouvelle pour la commenter et lui trouver des défauts ; nous avons édité notre *Guide du Peintre* pour le débutant et non pour le peintre qui connaît tous les secrets de son art, aussi sommes-nous persuadés d'avoir créé une œuvre utile et indispensable.

L. CARON

Paris, 1er Mai 1889

GUIDE DU PEINTRE

EN

BATIMENTS ET DÉCORATION

AVANT-PROPOS

ORIGINE DE LA PEINTURE — LE SPECTRE SOLAIRE SERVANT DE BASE DE
COLORISATION — ALPHABET DE LA COULEUR.

I. — Origine de la peinture.

L'origine de la peinture se perd dans la nuit des temps. Bien
avant l'ère chrétienne, les Egyptiens, les Grecs et les Romains
avaient coutume de décorer intérieurement et même extérieure-
ment leurs habitations ; on retrouve encore aujourd'hui des traces
de peintures à la fresque, dans les fouilles opérées dans les anciennes villes. Les Romains vainqueurs de la Gaule, tout entiers à leur
conquêtes, ne nous ont pas légué de souvenirs en ce qui concerne
la peinture à la fresque ; du reste, le climat de notre pays ne
prêtait guère à ce genre de peinture.

Ce n'est que vers le commencement du quatorzième siècle que
des ordonnances royales accordent des privilèges étendus aux
artistes peintres, décorateurs ordinaires des bâtiments royaux et
que la peinture fait en France de réels progrès.

Les peintres en bâtiments proprement dits ne jouirent d'une
corporation que vers 1723, et devinrent une profession assimilée,

1

en quelque sorte, au commerce des tapissiers, plâtriers, etc. Pendant l'époque des tourmentes révolutionnaires, les corporations furent abolies. Depuis quelques années, chaque ville un peu importante rétablit les assemblées ou corporations, en créant les Chambres syndicales, patronales et ouvrières.

Bien avant que des ordonnances royales aient attribué au peintre en bâtiment des privilèges qui équivalent à sa patente de notre époque actuelle, la peinture a eu ses ouvriers respectifs : ici, le manœuvre, là l'artiste....

La peinture est née du jour où l'on sentit le besoin de faire durer plus longtemps les matériaux et les boiseries que l'injure du temps altérait.

Elle a donc eu, pour point de départ : *l'économie*.

Les premiers peintres ont été les maçons, les plâtriers et les menuisiers, qui travaillaient la peinture sans goût et sans intelligence. On peignait à la chaux chez les pauvres; on décorait à l'huile chez les riches.

Le temps n'est pas loin de nous où l'on considérait la peinture comme un objet de luxe, et bien des villages en France sont actuellement privés de peintres en bâtiments, étant persuadés qu'ils sont trop pauvres pour utiliser leurs talents.

L'erreur est d'autant plus grande, que là où le peintre n'a point passé avec son pinceau, les boiseries se pourrissent, les murs s'effritent, les plâtres se désagrègent et l'hygiène disparait des locaux vierges de toute peinture.

La décoration est aujourd'hui à la portée de toutes les bourses ; il y a donc économie et santé, pour le propriétaire, ainsi que pour le locataire, à faire peindre son immeuble ou son logement, à tapisser les murs de papiers peints, qui donnent un éclat, un lustre tout en meublant à bon marché.

Aujourd'hui, la peinture n'est plus dans les mains inhabiles du plâtrier : c'est à l'artiste moderne qu'appartient de comprendre le goût, les effets, les tons que désire l'architecte :

L'ART DÉCORATIF EST ENFIN CRÉÉ.

II. — Le spectre solaire servant de base de Colorisation.

Lorsqu'un rayon de soleil traverse la pluie, après l'orage, nous assistons à un phénomène physique qui réjouit la vue. L'arc-en-ciel, se détachant sur la masse du firmament, nous apparaît avec ses couleurs qui se fondent d'une façon uniforme par la décomposition du rayon solaire.

Le prisme solaire peut, à juste raison, être considéré comme le *Guide du peintre* par excellence ! Ses couleurs sont au nombre de sept : le *violet*, l'*indigo*, le *bleu*, le *vert*, le *jaune*, l'*orange* et le *rouge*. Elles sont appelées *couleurs primitives*. Cependant, à notre avis, à part les bleu, jaune et rouge, les autres ne sauraient être que des teintes composées par la combinaison de plusieurs de ces couleurs entre elles.

En théorie, le *blanc* est le résultat de l'ensemble de toutes ces couleurs, le *noir* est l'absence du blanc ou l'absolue privation de lumière.

En peinture, le *blanc* est une couleur principale dont l'action est de réfléchir la lumière, d'éclaircir les autres couleurs avec lesquelles on le mêle ; le *noir*, au contraire, absorbe, détruit la vigueur des tons sans altérer le caractère des couleurs.

Si le rayon solaire est réfléchi sur un corps bleu, jaune ou rouge, le rayon sera bleu, jaune, ou rouge, tandis qu'un corps blanc, cristal ou vitre, réfléchira le spectre en entier, de même qu'un corps noir absorbera les couleurs du rayon et n'en réfléchira aucune.

En combinant les couleurs du spectre solaire, l'on obtiendra une variété de nuances diverses, que l'artiste, malgré son habileté, ne saurait imiter avec son pinceau. Les nuances obtenues ainsi sont appelées *couleurs secondaires*, par opposition à celle *primitives*, qui forment le prisme.

Les couleurs fondamentales en peinture sont :

Le blanc,

Le noir,

Le bleu,

Le vert,

Le jaune,

Le rouge,

Le brun.

Malgré la possibilité de simplifier cette classification par un mélange approprié pour le vert ou le brun, ces nuances sont également obtenues par une fabrication spéciale, c'est aussi la raison qui les fait conserver comme couleurs primitives.

Plusieurs marchands de couleurs ont compris l'influence du prisme solaire sur la colorisation, car nous voyons quelques-uns d'entre eux, soit à Paris ou à Bordeaux, prendre pour enseignes de leur maison, qui au *Spectre solaire*, qui à l'*Arc-en-ciel*, qui au *Prisme solaire*, etc. — C'est donc par évidence qu'il faut attribuer au rayon solaire la composition des tons en usage dans la peinture.

III. — Alphabet de la couleur.

Nous avons parlé précédemment du spectre solaire et de son influence sur la peinture décorative, nous ajouterons que dans sa gamme de colorisation on trouve l'alphabet de la couleur, soit en ajoutant du blanc aux couleurs, soit en les mélangeant entr'elles.

On obtient de la sorte des séries de nuances de même nature, mais différentes de tons ; c'est une gamme partant du clair et finissant au sombre en passant par une diversité de teintes moyennes.

Les mélanges sont *égaux* ou *inégaux*.

On entend par *mélanges égaux* la combinaison de deux, trois ou quatre nuances entr'elles par parties égales :

Rouge, une partie. — Jaune, une partie.

Rouge, une partie. — Blanc, une partie.

Rouge 1/3. — Jaune 1/3. — Blanc 1/3.

Rouge 1/3. — Jaune 1/3. — Noir 1/3.

Rouge 1/4. — Jaune 1/4. — Blanc 1/4. — Noir 1/4. Etc.

Les *mélanges inégaux* sont plus nombreux et réclament de la part du peintre, un peu plus d'attention par un mélange approprié de plusieurs couleurs entr'elles sans trop contrarier la teinte la plus éclatante de la gamme ; ainsi :

Rouge, 2/3. — Jaune 1/3.

Jaune 2/3. — Rouge 1/3.

Rouge 1/2. — Jaune 1/4. — Noir 1/4.

Jaune 1/2. — Rouge 1/4. — Blanc 1/4.

Blanc 1/2. — Jaune 1/4. — Rouge 1/4.

Noir 1/2. — Rouge 1/4. — Jaune 1/4.

Rouge 2/5. — Blanc 1/5. — Jaune 1/5. — Noir 1/5.

Blanc 2/5. — Rouge 1/5. — Jaune 1/5. — Noir 1/5.

Noir 2/5. — Blanc 1/5. — Jaune 1/5. — Rouge 1/5.

Etc.

On désigne par *gamme franche* la couleur qui ne contient pas de noir, et par *gamme rabattue* celle dans laquelle il entre du noir.

Personne autre que l'Illustre savant et centenaire M. Chevreul, n'a défini avec autant de talent la nature de chaque couleur, ni déterminé son degré de colorisation ; son cercle chromatique qui atteint les limites de la perfection comprend :

72 gammes franches de 20 tons = 1.440 tons

648 gammes rabattues — 12.960

— gris normaux 20

Soit un ensemble de tons : 14.420

Un [autre savant M. Guichard, dans un ouvrage intitulé *Grammaire de la couleur*, n'a fait qu'imiter son devancier en appropriant certaines gammes à l'usage de la décoration moderne

Pour rester dans le caractère de notre guide, nous répéterons ce que nous avons déjà dit, qu'en peinture le *blanc* éclaircissait les tons, en diminuant leur intensité et que, au contraire le *noir* absorbait, en les décomposant, les couleurs dans lesquelles il était mêlé en proportions plus ou moins égales.

C'est à peu près le secret de l'art de la peinture.

Plusieurs couleurs perdent à ce mélange une partie de leur éclat, de même que deux couleurs accolées ou superposées ayant toutes deux une teinte à peu près analogue se contrarient réciproquement.

Ainsi, une couleur claire est rehaussée par un fond sombre, tandis qu'un fond clair de même gamme l'absorbe et détruit son intensité.

C'est en se basant sur ce principe élémentaire que nous lisons, de très loin, étalées sur les murs de Paris, des affiches aux couleurs sombres : noires, vertes, bleues ou brunes sur lesquelles se détachent parfaitement des lettres en teintes claires ou blanches.— Au contraire sur les fonds clairs les lettres sombres arrêtent le rayon visuel, et ne se lisent qu'à petite distance.

CHAPITRE PREMIER

DE L'ATELIER DU PEINTRE. — RÉSERVOIRS, OUTILLAGE ET ACCESSOIRES. — MOULINS A BROYER. — ÉCHELLES — BROSSERIES — CAMIONS, SEAUX — COUTEAUX — GRATTOIRS — MARTEAUX — PASSOIRES — BRULOIRS — LANCE UNIVERSELLE — ÉPONGES — PIERRE PONCE — POTASSE — POTASSIUM — EAU SECONDE — MORDANT — SAVON NOIR — PAPIER DE VERRE, ETC.

De l'atelier du peintre.

Le peintre en bâtiments doit rechercher, avant toutes choses, un atelier spacieux, bien aéré et exempt d'humidité. La disposition de l'atelier est laissée au bon goût du peintre, mais néanmoins subordonnée à l'emplacement qu'il occupe.

Cependant, nous croyons devoir lui donner le conseil de séparer complètement les marchandises meublant son atelier, des huiles et des essences, ainsi que des autres matières inflammables. Ces produits devront être logés dans un endroit bien éclairé et contenus, autant que possible, dans des *réservoirs* en tôle, dont nous

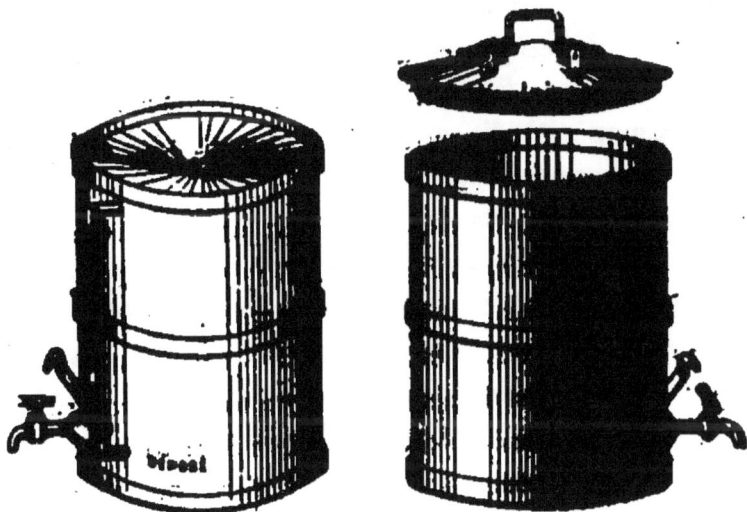

Fig. 1.   Fig. 2.

donnons un dessin ci-dessus (fig. 1 et 2), la partie supérieure fermée à vis et ayant dans la partie inférieure une cannelle pour le dépôt,

ge. Une large place doit être abandonnée aux *échelles* ; mais par suite de l'exiguïté des locaux parisiens, il est d'usage de placer ces échelles dans les corridors ou dans les allées : là elles tiennent moins de place. Le magasin aux verres doit former une pièce à part, éloigné de celui de la couleur, dans lequel il ne faut pénétrer avec de la lumière qu'en prenant toutes les précautions requises en pareil cas.

Ne jamais faire de l'habitation un dépôt de peinture ni d'atelier de broyage, afin d'éviter les conséquences qui résulteraient des miasmes délétères opérant sur l'organisme.

Dans les anciens ateliers, lapierre à broyer garnissait une grande partie de l'emplacement ; c'était, du reste, par elle que le peintre débutait pour préparer ses couleurs et les rendre d'un emploi facile.

La *pierre à broyer* doit être en pierre de liais ou en marbre, le grain doit être choisi le plus fin ; les dimensions varient de 80 centimètres à 1 mètre 50, sur 8 à 10 centimètres d'épaisseur.

Le broyage sur ces pierres réclame une compétence approfondie, une attention soutenue et surtout une grande propreté. La *molette* que l'on promène sur la pierre pour opérer le broyage doit être en marbre, en granit ou en grès, elle a une forme de cône tronqué, la couleur au fur et à mesure du broyage est ramassée par un couteau spécial, dit *couteau à ramasser* ou à broyer. L'opération se fait par petites parties, prises sur un pâté préparé à l'avance et tenu un peu ferme.

Il y a environ vingt ans, on voyait encore certains ateliers embaucher pendant l'hiver, des hommes (presque tous normands) pour le broyage de leurs couleurs. Mais aujourd'hui, avec le prix énorme de la main-d'œuvre et les facilités que procure le broyage mécanique, la pierre est délaissée : elle ne sert plus guère qu'à manipuler du mastic, ou de dépôt de camions à la rentrée des ouvriers.

Les couleurs ne sont plus livrées entières ou en trochisques, comme autrefois, et le peintre d'aujourd'hui n'a plus la peine de broyer ses couleurs, lesquelles lui sont livrées en poudre impalpable.

Il est juste de dire que ces couleurs ne valent point les anciennes, mais elles sont moins préjudiciables à la santé.

Cet état de chose, favorisant sa paresse, le peintre ne se donne plus la peine de broyer ses couleurs, il les infuse tout simplement au moment de l'emploi. C'est à tort, cependant, qu'il abandonne l'opération du broyage : la couleur infusée est moins fine, moins couvrante et moins durable.

Il lui faut donc, dans son intérêt, revenir au broyage, qui lui accorde de 30 à 40 o/o d'économie sur le fusage des couleurs à l'huile ou à l'essence. Il doit délaisser le vieux système en faisant usage des *machines à broyer* à la main. Les premières machines datent de 60 ans. C'est M. Rollet qui est l'inventeur de la machine à trois et à cinq rouleaux, avec couteau sur un des côtés. Cette machine, mue par un volant proportionné à son importance, est encore aujourd'hui en usage, mais spécialement pour le broyage des céruses ou des blancs de zinc. — M. Hermann, mécanicien à Paris, construit des machines à broyer avec des rouleaux en granit ; mais la dimension de ces engins ne peut convenir à un petit atelier. Cependant, avec cette machine, il convient d'avoir dans son atelier, pour les ocres, les terres ou couleurs fines, un moulin de plus petite dimension, qui ait sa place partout.

Les *moulins à broyer* de W. S. dont M. L. Caron a le dépôt exclusif, sont les mieux appropriés à cet usage.

Ils sont bien conditionnés, ne tenant pas ou peu de place dans l'atelier, ils peuvent se démonter facilement pour le nettoyage et un enfant peut manœuvrer cet outil sans fatigue.

Il existe plusieurs modèles dont trois avec manivelle, deux avec volant et trois avec poulies pour emploi d'eau ou de vapeur ; nous donnons ci-contre les dessins de ces modèles avec légendes des pièces détachées ainsi que le prix de chaque moulin tout emballé.

MOULINS PERFECTIONNÉS A BROYER LES COULEURS A L'EAU, A L'HUILE OU A L'ESSENCE

M. L. Caron seul dépositaire à Paris

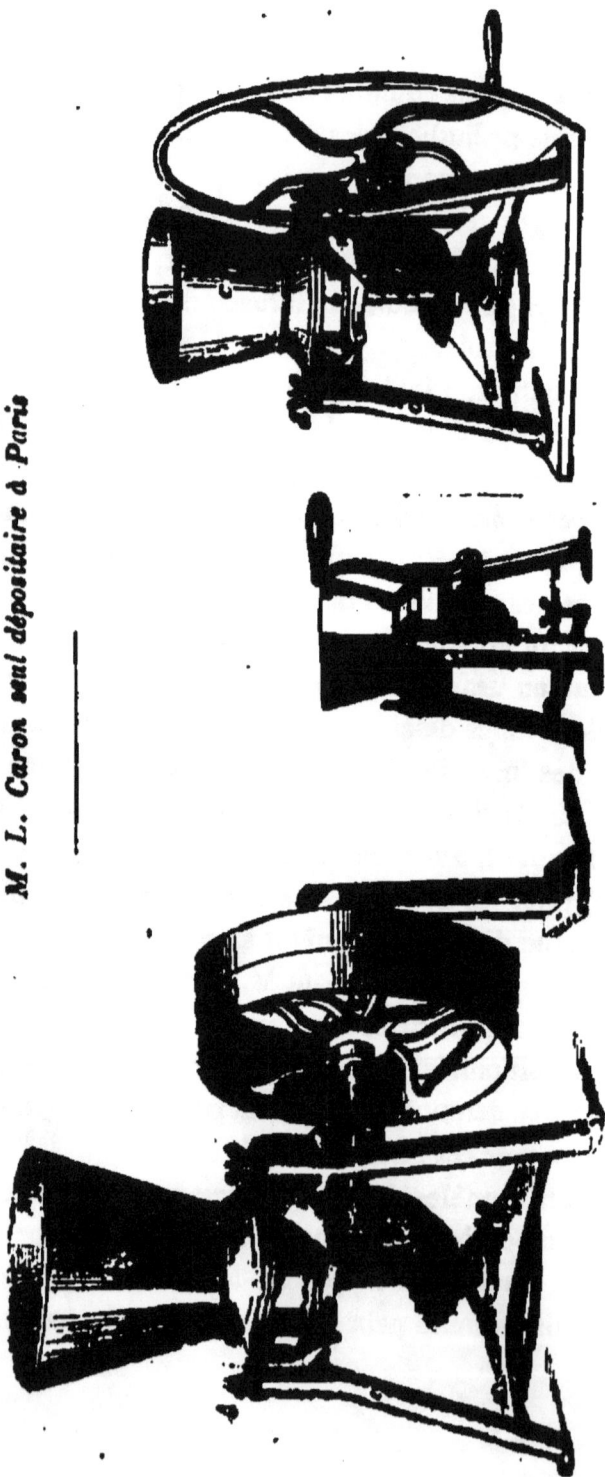

Légende : A le tréteau, B la meule, C la trémie, D la vis ailée, E l'arbre vertical, F la petite roue à dents, G le levier, H la vis auprès du levier, I l'arbre horizontal, K la grande roue à dents, L le ressort, M le godet, N le volant, O la poulie, P la chaine.

MOULINS A MANIVELLE

Marque	Hauteur	Diamètre de meule	Brole	Prix
A.	0 m 27	0 m 11	3 k. par h.	45 fr.
E.	0 m 35	0 m 14	5 —	60 fr.
I.	0 m 40	0 m 18	7 —	80 fr.

MOULINS A VOLANT

Marque	Hauteur volant	Diamètre meule	Brole	Prix
O	0 m 55	0 m 20	8 k. l'h.	100 fr.
U	0 m 70	0 m 22	10 —	125 fr.

MOULINS AVEC POULIES

Marque	Haut.	Poulies	Brole	Prix
O.	0 m 54	0 m 27	10 k. l'h.	150 fr.
U.	0 m 61	0 m 32	15 —	200 fr.
O O	0 m 95	0 m 45	20 —	400 fr.

Pour s'en servir, il faut préalablement bien fixer le moulin à une table ou à une tablette — sous le *ressort* ou couteau, on place un camion en tôle ou autre vase pour recevoir la couleur broyée.

Le pâté peut être fait dans la trémie ; alors on serre fortement la vis près du *levier*, ou bien dans un vase à part et versé au fur et à mesure du besoin dans la trémie ; on relâche la vis de manière à laisser passer, par le tournoiement, la couleur, laquelle suivant les *rigoles* ou *dents* est arrêtée par le couteau. — Si l'on désire une couleur plus fine broyée, on la fait passer une seconde fois, en réglant le moulin au moyen de la vis H.

La juste consistance d'une couleur délayée est une chose principale, puisque le besoin d'huile varie pour chaque couleur ; on ne broye pas bien si le pâté est trop liquide ou trop épais, on y remédie en ajoutant de la poudre ou de l'huile avant de continuer le broyage.

Quelques couleurs comme la céruse, le blanc de zinc, le brun

Van Dyck, etc., demandent à être broyées épaisses, on y parvient plus vite et sans perte de temps en délayant la couleur la première fois, plus claire et en ajoutant de la couleur sèche au second broyage. Les terres, ocres et toutes couleurs argileuses ou siliceuses, si elles sont broyées deux fois, demandent au contraire de l'huile, autrement elles deviendraient épaisses et boucheraient les rigoles de la meule ; on doit éviter surtout de tourner trop vite, car de cette manière la besogne n'avancerait pas mieux. Selon les différentes couleurs, la plus grande vitesse dans les grands moulins est de 30 à 40 tours à la minute, dans les petits 50 à 60. Les dents en tournants, qui se trouvent dans la trémie et dans la meule, doivent être constamment à découvert et quelquefois être nettoyées, notamment quand on moud des couleurs grasses.

Dans le cas où le taillant de ces tournants s'userait de façon à empêcher le passage des couleurs, il faut le faire limer en ayant soin qu'il se trouve entre les tournants et la périphérie des rigoles, un intervale de 2 ou 3 millimètres : autrement la couleur passerait sans être finement broyée.

Le *nettoyage* du moulin s'effectue après le broyage, en lavant d'abord, avec de l'eau de potasse, la trémie, la meule et la gouttière, puis à l'eau et essuyer à sec jusqu'au premier besoin.

Le moulin doit être tenu en état constant de propreté, autrement les couleurs s'y attachant détérioreraient peu à peu la machine.

Il est aussi nécessaire d'huiler avec de la bonne huile de pieds de mouton, l'arbre du milieu et les roues dentées.

Nous réparons un oubli, dans le montage du moulin ; au bas de la meule B se trouve une marque qui est gravée sur l'arbre vertical, il faut veiller à ce que les deux marques se trouvent posées l'une sur l'autre.

. . . .

Les *échelles* dont se sert le peintre sont en aune ou en frêne, ce dernier bois est plus lourd et moins employé ; elles sont *doubles* ou *simples*, ou bien à *coulisses* pour les ravalements extérieurs.

Les échelles sont à deux montants ronds, la partie basse plus large que la partie haute, laquelle est percée pour recevoir une tringle en bois ou ou en fer appelée *clef*; les deux parties réunies forment l'*échelle double*, les échelons ont environ 33 centimètres, on désigne encore aujourd'hui l'échelle au pied par habitude. — Les échelles les plus usuelles sont de 6, 8, 10, 12 et 14 pieds ou *échelons*; quelquefois, lorsque travaillent deux ouvriers à la fois sur la même échelle, on se sert de *taquets* ou planches en bois, retenus à l'échelon par deux crochets; l'ouvrier est plus à son aise, et exécute son travail avec moins de fatigue, de même que dans les escaliers on fait usage de *ralonges en fer* qui facilitent l'aplomb de l'échelle dans les endroits souvent étroits de cages d'escaliers.

L'*échelle à coulisses* est plus moderne et n'a d'emploi que pour l'extérieur, sa longueur varie de 6 à 12 mètres développés; elle est munie de crochets articulés qui permettent d'arrêter et de maintenir l'échelle montante à la hauteur voulue sans que l'on soit obligé de monter dans l'échelle — pour se servir des crochets articulés, lorsque l'échelle est à hauteur voulue, il suffit de tirer un cordon de tirage placé le long d'un des bras de l'échelle, le fléau s'abattant dispose les crochets prêts à recevoir un des éche lons de l'échelle montante — pour descendre l'échelle on tire sur la corde qui sert à la monter, jusqu'à ce que l'échelon soit dégagé des crochets; ces derniers par leur propre poids, prennent la position verticale et permettent à l'échelle de descendre.

Le maniement de cette échelle est facile et nous pouvons assurer qu'aucun danger n'est aujourd'hui à craindre par suite du perfectionnement de cet outillage, essentiellement parisien.

. . . .

Les *brosses*. — On désigne par brosses, les pinceaux à manche de bois dont se servent les peintres en bâtiments et les décorateurs.

Ce genre de brosses est fabriqué par des ouvriers spéciaux, à Paris et à Charleville.

La soie qui est employée à cette fabrication provient du porc et du sanglier; la première qui est blanche, est plus douce et sert à faire les brosses de petits modèles pour les persiennes, les brosses dites de pouce, les petits pinceaux à tableau, à filets ou à réchampir, ainsi que pour les brosses dites taupettes, celles à main et à vernir.

Les plus longues soies de porc (blanche) ou du sanglier (grises) ont leur emploi dans les brosses à blanchir ou à plafond.

Les étirures et le déchet des soies servent dans la fabrication des brosses à la chaux ou à maçon et celles à lessiver.

Dans la soie, rien n'est perdu, toute a sa place marquée dans l'industrie de la brosserie.

Mais avant d'être apte à servir, la soie réclame un travail approprié et ce n'est qu'après des échaudage, lavage, blanchissage, soufrage, triage, en un mot, après une manutention spéciale, qu'elle satisfait aux exigences du brossier. La soie arrachée est de meilleure qualité que celle obtenue après échaudage.

La soie de porc est d'origine française : la Champagne et les Ardennes en fournissent dont la qualité est plus appréciée que celle de la Bretagne, de la Lorraine ou du Midi.

Celle de sanglier nous arrive de la Russie ou de la Pologne. Le principal marché de cet article est *Leipzig* qui approvisionne la France, l'Allemagne et l'Italie.

La hausse continuelle de la soie a forcé les brossiers à augmenter les prix des outils fabriqués par eux à l'usage de la peinture et, c'est pour répondre à quelques demandes de nos lecteurs, que nous donnons à la suite de cet ouvrage, les prix actuels — cependant sujets à varier — de la brosserie du peintre.

La brosserie de Charleville est généralement ligaturée de ficelle ; sa façon se reconnaît facilement, car elle est loin de valoir celle de Paris, dont l'élégance et la légèreté à la main n'ont point d'égales.

Nous devons cependant avouer, et, en toute loyauté, que la brosserie faite par les ouvriers de Charleville est forte, solide à la main, et jouit d'une renommée pour les travaux courants du peintre et du plâtrier.

Pour les besoins des travaux soignés, il n'y a encore rien au-dessus de la brosse de Paris.

Cette industrie est très divisée ; presque toujours un fabricant ne s'occupe que d'un seul genre : de là cette supériorité toute parisienne.

L'on se sert beaucoup dans nos ateliers de la brosse à virole en cuivre rouge, qui donne à l'ensemble une plus grande solidité en évitant le démanchement de la brosse. Ce genre d'outillage se conserve toujours propre et convient au peintre soigneux.

Le marchand de couleurs est celui qui sert d'intermédiaire dans la fourniture de ces articles.

La brosserie du peintre se compose de plusieurs modèles appropriés à son travail ; nous donnons, ici, un aperçu des principales brosses, avec dessins ci-contre extraits de l'album de MM. Leloir frères, fabricants à Paris, qui ont bien voulu nous autoriser à les reproduire dans cet ouvrage.

La *Brosse à virole* en cuivre rouge *(fig. 3)* et celle dite de Paris liée avec ficelle *(fig. 4)*.

DÉSIGNATION ET DIAMÈTRE

petite	n° 4	soie blanche	27
—	5	—	29
—	6	—	32
—	7	—	35
taupette	8	—	37
—	.	—	40
—	10	—	42
à main	11	—	44
—	12	—	47
—	13	—	49
à raval.	14	—	52
à plafond	15	—	54
—	15	soie grise	—
—	16	—	57
—	16	soie blanche	—

Fig. 3.

Fig. 4.

La *brosse à l'once*, soie blanche ou grise, en qualité demi-fine et ordinaire pour travaux communs, à ligature ficelle (*fig. 5*).

N° 1	diamètre 28 millimètres	
1 1/2	—	30 —
2	—	32 —
2 1/2	—	34 —
3	—	38 —
4	—	43 —
5	—	47 —
6	—	50 —
7	—	53 —
8	—	56 —
9	—	60 —

Fig. 5.

La *brosse dite à maçons* pour la chaux, cerclée en fer, soies grises, ligature indépendante en ficelle devant la virole (*fig. 6*).

N° 6	grosseur 50 millimètres	
7	—	54 —
8	—	58 —
9	—	60 —
10	—	62 —

Fig. 6.

Les brosses dites à *per-siennes* à virole de zinc, *(fig. 7.)* du n° 1 au n° 6 ; on se sert également à cet usage de brosses forme de poire liées en fil de fer noir ou étamé et de brosses à ligature fil de fer et bague en cuivre rouge, *(fig. 8)*.

Les brosses à *lessiver* dites aussi chiens à lessiver, soies grises fortes à ligature ficelle *(fig. 9)*, ou avec virole de cuivre rouge ; les plus usitées sont les n°° 6, 7 et 8.

On emploie pour lessiver au potassium

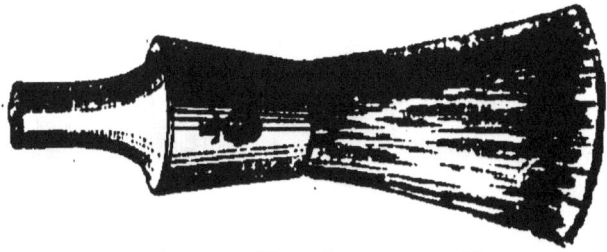

Fig. 7.

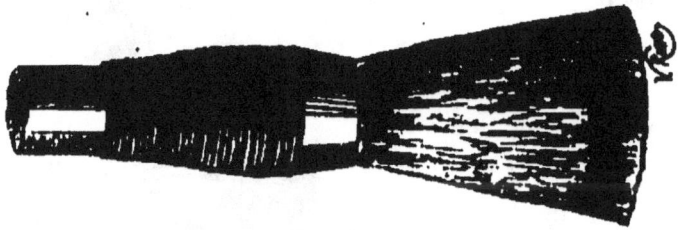

Fig. 8.

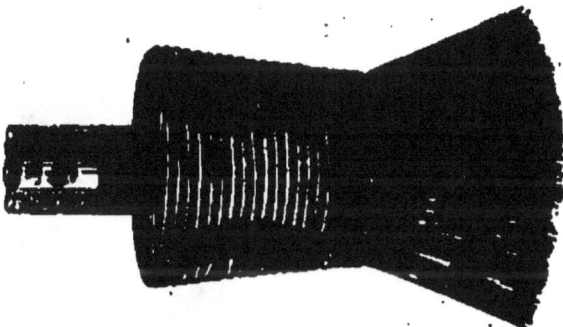

Fig. 9.

Fig. 10.

ou autres mor-
dants, de *brosses*
en *tampico*, qui
résistent davan-
tage à la potasse
— les *brosses à la-
ver* (*fig. 10*) sont
en soies grises for-
tes de bonne qua-
lité à ligature ficel-
le; les plus em-
ployées sont les
n° 6, 7 & 8. On peut
se servir également à
cet usage des brosses
dites à l'once, d'un prix
inférieur.

Les *brosses à badi-
geonneurs* (*fig. 11*)
pour ravalements avec
manche rond ou carré,
cerclé de fer forgé, et en
soies grises fortes. Elles
sont employées à la main
ou au bout d'une gaule —
les *brosses* dites *de pouce*,
ligature ficelle avec bague
en cuivre (*fig. 12*) désignées aussi, brosses pou-
ce, virole et ficelle — les
brosses de pouce, ligature

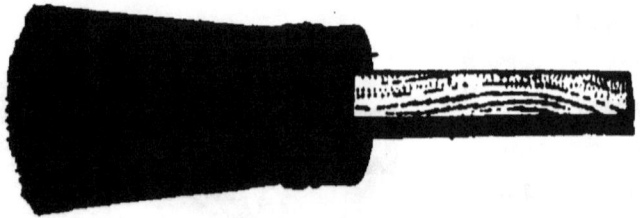

Fig. 11.

Fig. 12.

Fig. 13.

Fig. 14.

Fig. 15.

Fig. 16.

Fig. 17.

ficelle, (*fig. 13 & 14*) *rouge* pour la qualité extra, *jaune* pour dési-
gner le pouce fort ou supérieur; *noire*, la qualité ordinaire et courante. — Les brosses de 3/4, 1/2 et 1/4 de pouce (*fig. 15*) à ligature

ficelle noire — les *brosses* dites *à réchampir.* (*fig. 16 & 17*) à ligature ficelle rouge, ou fil de fer — les *brosses* à *tableaux* à virole
ronde ou plate en soies blanches de première qualité (*fig. 18*) —

FIG. 18.

les *brosses*, *à filets* soies blanches, à virole ronde ou plate (*fig. 19*)
etc., — nous n'indiquerons ici que les principales brosses em-

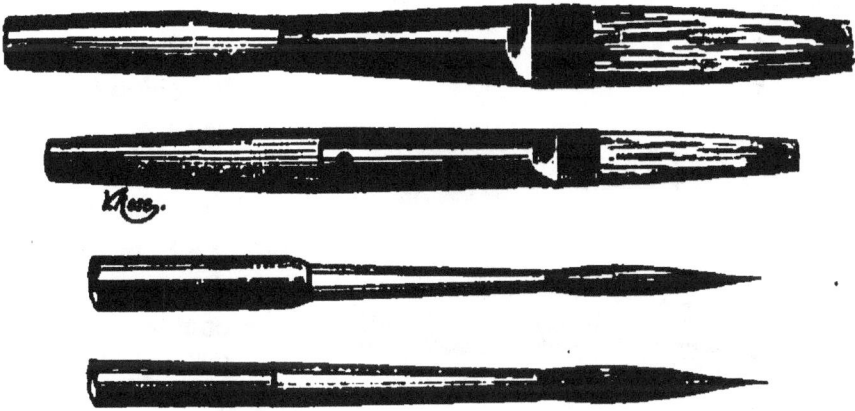

FIG. 19

ployées dans la peinture en bâtiment, nous parlerons des autres
aux articles les concernant.

FIG. 20.

Les *Camions* (*fig. 20*) sont
les vases destinés à contenir
la peinture ; ils sont en tôle
noire ou galvanisée, et de
toutes grandeurs depuis 10
centimètres jusqu'à 26 centimètres ; on en fait aussi en
cuivre rouge de 26 à 30 cen-
timètres, qui servent spécialement à faire fondre la colle de peau; une anse fortement atta-

FIG. 21.

chée par deux oreillons, permet de les transporter et de les accrocher à l'échelle par un *crochet* en forme de S en fer poli ou étamé.

Les *seaux* (*fig. 21*) sont en tôle forte galvanisée, et cerclés en haut et en bas ; sous ce dernier est un cercle en bois, qui permet de les poser sur le parquet, sans crainte de laisser une empreinte quelconque.

Fig. 22.

Fig. 23.

Fig. 24.

Fig 25.

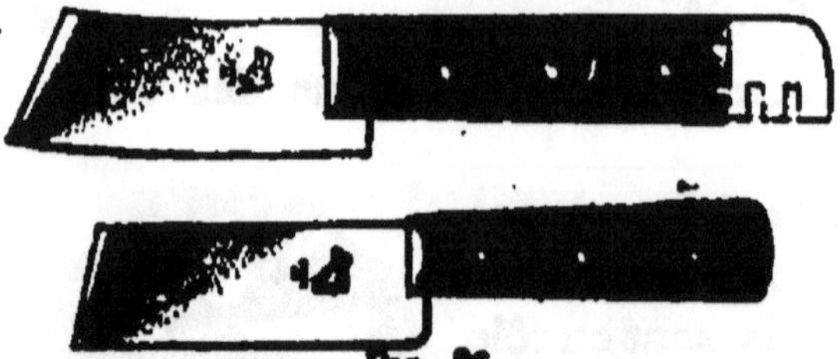

Fig. 26.

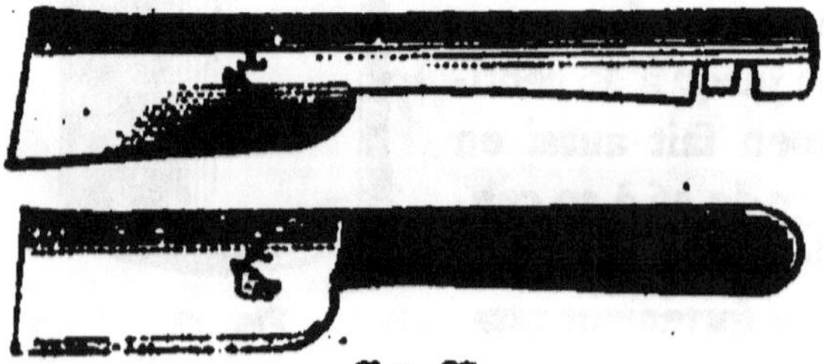

Fig. 27.

Les *couteaux* dont se sert le peintre sont nombreux et ils indiquent généralement, par leur désignation, l'usage auquel ils sont destinés.

Le couteau à *reboucher* (*fig. 22*), sert à reboucher avec du mastic les interstices, et les creux ; celui *à champ* (*fig. 23*) ou à *demichamp*, celui à *feuillures* (*fig. 24*) ou à *demifeuillures*, ont leur emploi dans les moulures, panneaux et champs. Les couteaux à *mastiquer* (*fig. 25*) dit *feuille de laurier* ou dit *poignard* servent pour contre-mastiquer des grandes feuillures tel-

Fig. 28.

Fig. 29.

les que chassis de couches, serres, etc. Les *couteaux* à *démastiquer* *(fig. 26)* ou les *lames(fig. 27)* expliquent leur usage pour enlever le mastic des vitres; quelques-uns sont pourvus de *grugeoirs*, néanmoins le peintre préfère avoir cet outil séparé qui lui sert à égruger le verre.

Les *couteaux à broyer (fig. 28)* et à *palette (fig. 29)* servent à mélanger ou à ramasser les couleurs sur la pierre ou sur la palette.

Les meilleurs couteaux sont en buis, manche ovale et de la marque *Drouet;* ceux dits *anglais*, qui ont le manche en coco et la lame renforcée près du manche, ne sauraient leur être préférés, bien que coûtant plus cher.

Les couteaux à *enduire (fig. 30)* ont la lame flexible; la forme T est la plus usitée et sa largeur varie de 10 à 20 centimètres de lame.

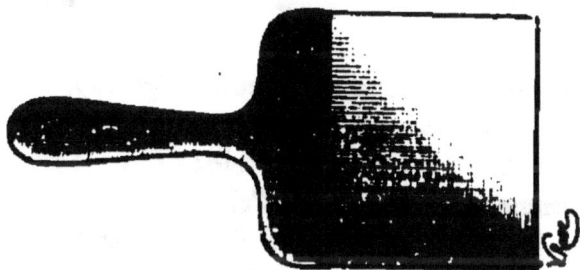

Fig. 30.

Les *grattoirs* sont en tôle forte et la tige rivée dans un manche en bois tourné, ils sont *triangulaires (fig. 31)* ou forme de losange *(fig. 32)* pour *persienne;* on se sert également de grattoirs de formes différentes pour les moulures, on les appelle *fers à moulures* ou à *réparer.* — Lorsque les grattoirs sont

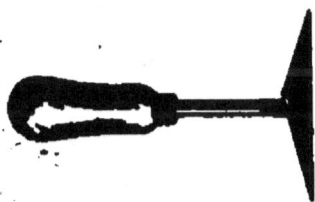

Fig. 31.

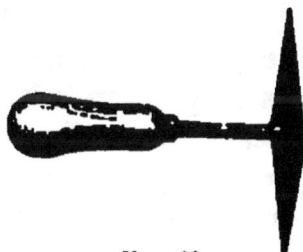

Fig. 32.

usés, on leur donne du mordant au moyen de la *lime*.

Le *marteau* dit à *vitrer* *(fig. 33)* fait partie de l'outillage du peintre aussi bien que de celui du vitrier; il en est de même pour le *balai* à *coller* et celui à *épousseter*, *(fig. 34 & fig. 35)*.

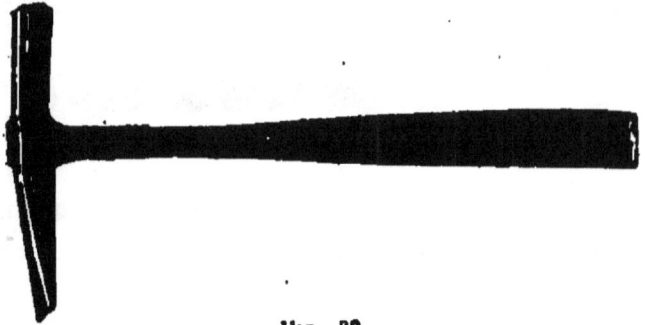

Fig. 33.

Les *passoires* servent à tamiser les vieilles teintes ou celles ayant des grains; elles sont en fer blanc avec fond fixe *(fig. 36)* ou à charnières mobiles *(fig. 37)* en toile métallique plus ou moins fine, suivant la teinte à passer.

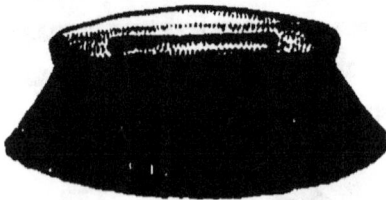

Fig. 34.

Fig. 35.

Pour brûler les vieilles peintures notamment sur les devantures, on se sert de lampes spéciales dites à brûler *(fig. 38)*; ce sont tout simplement des *lampes à souder* en cuivre rouge, corps en tôle noire avec venteaux pour mieux fixer le jet de flamme alimenté par de l'alcool ou de l'esprit de bois; la peinture se détache ensuite au moyen du grattoir.

Fig. 36.

On se sert également de *fourneaux* en tôle, que l'on remplit de charbons embrasés et qu'on promène sur la partie à brûler; depuis quelque temps on fait usage dans certains ateliers importants de *lampe américaine* alimentée de naphte; non seulement c'est un outil coûteux mais il réclame beaucoup de prudence de la part de l'ouvrier qui en fait usage. — Dans les villes éclairées au gaz on emploie la *lampe à gaz*

Fig. 37.

Fig. 38.

avec bec papillon ; nous recommandons notre système de lance connue sous le nom de *lance universelle* (*fig. 39*), dont les dessins ci-contre exécutés au cinquième de la grandeur, expliqueront aisé-ment et la commodité et le perfec-tionnement apporté à cet appareil.

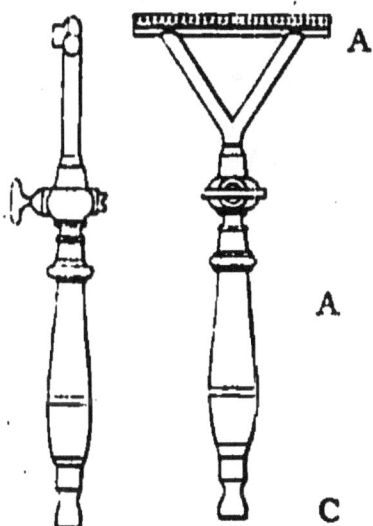

La lumière est produite par la *tra-verse* A, laquelle est percée de petits trous préservés par une saillie ou *abri* de 0^m01 ; ces petits trous don-nent une chaleur plus forte sur une plus grande surface et permettent au gaz une résistance relative au vent le plus violent.

L'abri qui est taillé en biseau a son utilité incontestable dans les grandes parties planes, car il permet d'enlever ou de repousser le plus gros de la partie adhérente avant l'emploi du grattoir.

Fig. 39.

Cette saillie a la propriété de préserver les moulures et les glaces, par la facilité que possède l'appareil d'être tourné suivant le besoin.

Avec la *clef* B le peintre obtient plus ou moins de chaleur. Le *bec* C sert à adapter le tuyau de caoutchouc pour la prise de gaz. Le *manche* D, en bois tourné, évite que la force du calorique ne chauffe trop la main de l'opérateur.

Nous n'avons pas besoin d'insister sur les avantages réels que doit procurer ce nouvel appareil spécial, les peintres qui ont jus-qu'à ce jour fait usage de la lance à papillon ou à jet unique, reconnaîtront facilement qu'il lui est préférable, comme *économie de main-d'œuvre*.

Les *éponges* employées par le peintre sont de plusieurs sortes et prennent les noms des lieux de provenance ; celle dites *indiennes*, *cuba* ou de *gerbie* sont celles préférées ; elles sont vendues au kilo à l'état brut, et en liasses ou chapelets de 12, 15 à 20 éponges, lorsqu'elles ont été lavées et préparées.

C'est un article qu'il est difficile d'apprécier avant l'usage et les marchands d'éponges ont un talent de si bien parer leur marchandise, que l'acheteur est souvent trompé. Le prix des éponges varie suivant la grosseur et la qualité.

Dans les accessoires de l'atelier du peintre, on comprend la *ponce en pierre* ou en *poudre*; la *potasse d'Amérique*, de provenance de New-York ou de Montréal, laquelle fondue dans une quantité d'eau suffisante (10 litres d'eau pour 2 à 3 kilos de bonne potasse) se transforme en *eau seconde* plus ou moins forte pour enlever les vieilles peintures ou simplement les lessiver à conserver.

Depuis quelques années, la potasse est remplacée par des produits liquides à base de soude caustique, auxquels on donne des noms fantaisistes: *Potassium, ammonium, lithium, Kaligène*, etc., pour détruire complètement les vieilles peintures en dehors des brûlages par le gaz ou l'alcool, principalement pour devantures, portes cochères, meubles, etc. Il est préférable de faire emploi d'un *mordant* pâteux, long à sécher et permettant au caustique de détruire ou de détacher la peinture sans altérer la boiserie; parmi ces mordants nous citerons la pâte-mils, le pictivore et le *mordant ronge-peinture*.

Le *Savon noir* ou savon mou de bonne qualité sert aux lavages des mains après le travail terminé; c'est, à notre avis, le meilleur pour enlever toutes traces de peinture et aussi le plus économique de tous les procédés en usage dans les ateliers; on se sert aussi du savon, pour obtenir une eau savonneuse pour nettoyer les peintures artistiques anciennes et les conserver.

Le *papier de verre* a son utilité pour adoucir les grains ou égaliser une surface à peindre; il y en a de plusieurs grosseurs, du numéro 1 au numéro 6, 0. 00, c'est-à-dire du plus gros au plus fin numéro.

Les *peaux à enduire* sont des peaux blanches de mouton qui servent à adoucir l'enduit fait au couteau, notamment sur moulures.

Nous arrêtons là cette longue nomenclature de l'outillage du peintre, le lecteur pourra de la sorte choisir lui-même les outils et les accessoires qui devront garnir son atelier.

CHAPITRE II

I. — Des couleurs en général.

Les matières colorantes, dont le peintre fait usage, sont ou naturelles ou artificielles ; elles sont argileuses, minérales ou métalliques.

Parmi les couleurs qui font la base de la peinture, il faut citer :

1° Le *blanc*, qui s'emploie seul ou mélangé avec d'autres couleurs, pour les diminuer et donner du brillant à la teinte.

2° Le *noir* qui absorbe les couleurs en changeant la teinte sans altérer son caractère.

3° Le bleu.

4° Le jaune.

5° Le rouge.

6° Le vert.

7° Le brun.

Les autres couleurs ne sont que des variétés obtenues par le mélange de couleurs entre elles, ou peuvent entrer dans l'une des sept catégories ci-dessus par un rapprochement de la nuance.

Les *couleurs blanches* comprennent :

1° La céruse ou blanc de plomb.

2° Le blanc de zinc.

3° Le blanc d'argent.

4° Le blanc de baryte ou spath.

5° Le blanc de Meudon ou craie.

II. — La céruse.

La céruse n'est point nouvelle dans l'usage de la peinture ; il y a des siècles qu'on en fait emploi et, bien avant nous, les Romains et les Grecs en fabriquèrent pour leur peinture à la fresque. Si leur céruse laissait à désirer comme moyen de fabrication, il faut avouer que leur blanc de céruse avait plus de durabilité que celle que nous fabriquons aujourd'hui avec le matériel le plus complet.

La fabrication de la céruse ne date en France que de la fin du XVIII° siècle ; nous étions tributaires de l'Autriche ou de la Hollande qui avaient en quelque sorte le monopole de ce blanc qui portait le nom du pays de provenance.

Les procédés actuellement en usage dans la fabrication de la céruse sont :

1° Le procédé *hollandais* qui est suivi par nos fabriques du Nord ainsi que par MM. Expert-Bezançon et C¹ᵉ de Paris.

2° Le procédé *français* ou de Clichy, qui est suivi par quelques fabriques ; c'est le procédé le plus simple que nous ayons, mais le blanc n'est pas aussi couvrant que celui fabriqué par le procédé hollandais.

La fabrique de Clichy, qui a donné son nom au procédé français, vient d'abandonner cette fabrication et aujourd'hui, il n'y a plus guère en France, que la fabrique de M. Bruzon, de Tours, qui suive ce procédé.

Avant de nous étendre sur le *procédé hollandais* le plus suivi par nos fabricants français, disons un mot de la fabrication de la céruse par le procédé innové par M. Roard, suivant la méthode du célèbre chimiste M. Thénard.

Au lieu de transformer le plomb en carbonate de plomb, par l'acide acétique, travail qui demande trois mois, c'est l'*oxyde de plomb* (Litharge) qui est transformé en *sous-acétate de plomb* et ensuite en *carbonate de plomb*.

Cette opération est toute mécanique, et après les lavages nécessaires pour séparer les matières impures, la céruse est obtenue au bout de 15 jours environ.

Si le blanc est plus éclatant que la céruse hollandaise, son pouvoir couvrant lui est bien inférieur ; c'est un peu, selon nous, le motif qui l'a fait rejeter des produits employés par le peintre, et aussi la cause de la décadence de l'usine de Clichy.

Il faut avouer cependant que ce mode de fabrication offrait moins de dangers dans la pratique et, que la santé de l'ouvrier étant chose assez précieuse, cette méthode devait mériter une plus grande considération.

Le *procédé hollandais* est sans contredit celui en usage dans nos fabriques du Nord, dans la Belgique et dans la Hollande.

Lille est la ville qui fabrique la plus grande quantité de céruses, aussi les fabricants qui sont nombreux se disputent-ils la priorité de la marque sur le marché parisien !

Parmi les fabricants qui jouissent de la vogue plus ou moins acquise — il faut citer MM. Théodore Lefebvre et Cie, Poëlmann, Pérus et Cie, Bériot et Cie, Louis Faure, Brabant, Millot-Cousin, etc.

La *Belgique*, profitant des droits insignifiants dont la céruse est imposée lors de son entrée en France, nous envoie aussi ses produits avec quelques francs d'écart sur nos produits indigènes, mais le peintre reconnaît — et il a raison — que la céruse belge est loin d'égaler la pureté des produits du Nord ; aussi, est-ce seulement pour des travaux ordinaires qu'il en est fait emploi.

Sans dénigrer aucune marque de cette provenance, nous laissons le peintre libre d'en faire usage, persuadés que nous sommes, qu'aussitôt l'essai, il reviendra aux céruses françaises auxquelles il accordera la préférence.

La *céruse* est le résultat obtenu par l'oxydation du plomb sous l'influence de l'air et de l'acide acétique ; cet acétate plombique en présence de l'acide carbonique que dégage le fumier en fermentation, donne de *l'hydrocarbonate de plomb*.

Par suite de la chaleur que produisent les matières en fermentation, l'acétate neutre de plomb se trouve de nouveau décomposé par l'acide carbonique et donne naissance au *blanc de céruse*.

Le plomb employé à cette fabrication est de première qualité, on le coule d'abord en plaques longues mais étroites que l'on roule ensuite en spirales, pour les mettre dans des pots de terre vernie de fabrication toute spéciale.

Ces pots sont mis dans des fosses appelées *loges*, au fond desquelles repose une couche de fumier, ils sont rangés symétriquement de façon à ménager un courant d'air libre.

Les parois des loges sont garnies de fumier frais, les pots dans lesquels on verse 35 centilitres de vinaigre, contiennent 1 à 2 kilogrammes de plomb en plaques et sont recouverts de lames de plomb.

Lorsqu'une série de pots est en place, on pose des planches que l'on couvre de fumier et on continue ainsi jusqu'au haut de la fosse. Chaque loge ou fosse à céruse contient environ 8 à 10 séries de 1.000 pots, il est employé 250 kilogrammes de vinaigre et 220 quintaux de plomb.

Le fumier qui est employé à la fabrication de la céruse doit provenir du cheval ; c'est un point essentiel, car si l'on se servait de fumier de porc ou de carnivores, la céruse produite aurait une teinte grise qui nuirait à sa qualité.

Paris possède aussi une fabrique de céruse par procédé hollandais. Elle appartient à MM. Bezançon frères qui sont les innovateurs de la transformation de l'industrie cérusière en France; ils fondèrent en 1844 leur usine d'Ivry-Paris, et s'imposèrent le but de substituer à la fabrication homicide de la céruse sèche en poudre ou en pains, une fabrication préparant et achevant la céruse broyée à l'huile.

A dater de 1845, MM. Bezançon, luttant contre la routine eurent pendant huit ans à supporter d'immenses pertes. Le succès s'affirma enfin en 1854, récompensant la persévérance de leurs efforts, après avoir contraint d'autres fabricants à les suivre. Leur réputation était désormais établie.

Aujourd'hui leur production est de plus de deux millions de kilogrammes.

Cette fabrique dont la raison sociale est actuellement Expert-Bezançon et Cie utilise les tans épuisés au lieu de fumier.

Leurs loges peuvent renfermer environ 10,000 kilos de plomb et leur usine possède 35 loges semblables.

Leur céruse fabriquée est blanche, couvrante et ne laisse rien à désirer comme durée; c'est la seule, selon nous, qui avons analysé la céruse de leur marque « *garantie pure* », qui puisse avantageusement lutter avec sa concurrente de Lille, la plus estimée.

Mais revenons à la céruse ; la carbonatation du plomb dans les fosses dure quatre mois, ensuite on opère la séparation de la céruse du métal dont la transformation n'est que partielle, — le rendement serait de 125 o/o s'il était complet; c'est cette opération qui est la plus dangereuse, car la toxicité du plomb expose les ouvriers qui sont chargés de ce travail ; mais par suite des améliorations mécaniques de notre époque, le danger de l'intoxication est moins grand que par le passé. — L'hygiène relative aux cérusiers est en usage dans toutes les fabriques et les patrons sont les premiers à exiger le maintien du règlement y relatif.

La céruse est ensuite mouillée, lavée, broyée, séchée, réduite en poudre pour être livrée dans le commerce en fûts de 100 à 350 kilogrammes, ou broyée avec de l'huile de pavot pour l'usage de la peinture.

La céruse était, il y a quelque vingt ans, vendue dans le commerce de la couleur sous forme de *pains* ou *molettes* ; c'était une sorte de garantie de pureté et le broyeur ou le peintre, pour s'en servir, étaient obligés de la réduire en poudre et de la tamiser avant de la mélanger avec de l'huile ; l'ouvrier devait par prudence pour ne pas respirer la poudre toxique, s'appliquer un masque ou un bandeau sur la bouche et sous le nez ; néanmoins malgré ces précautions la maladie dite *colique de plomb* était fréquente.

Aujourd'hui la céruse est vendue toute broyée à l'huile, en fûts de 50, 100 à 300 kilos sous les marques et cachets des fabricants ; le danger du broyage par le peintre a disparu, car c'est à peine si les fabricants fournissent 10 °/o de céruse en poudre, qui est toujours employée dans certains travaux et par quelques maisons de peinture qui continuent l'errement du broyage de la céruse comme par le passé.

La céruse est la couleur la plus employée dans le bâtiment, tant à cause de sa siccité qu'à celle de son pouvoir couvrant comparativement aux autres blancs. — Le broyage à l'huile se fait de la manière suivante :

Dans un baquet, mettre 90 kilog. de céruse en poudre et malaxer intimement avec 10 kilog. d'huile d'œillette ou de pavot. L'opération se fait avec les moulins à rouleaux du système Rollet ou Hermann. La céruse en poudre est vendue 54 à 56 francs les 100 kilog. et celle broyée par le fabricant, les 100 kilog. 60 à 62 francs. Le broyage exécuté dans l'atelier du peintre et par lui-même, augmente de 10 pour o/o le prix ci-dessus.

Céruse mélangée. — Les matières qui servent à mélanger la céruse pour en faire des qualités secondaires sont le blanc de baryte *(spath)*, les sulfates de plomb et de chaux ou la craie ; le premier est celui qui convient le mieux à ce genre de sophistication, en raison de sa pesanteur et de ses propriétés neutres dans son mélange avec la céruse. Les proportions du mélange sont subordonnées au numéro ou aux prix demandés.

Le n° 1 comporte un mélange de	10 o/o
— 2 — —	20 —
— 3 — —	40 —

La qualité pure contient environ 10 p. o/o, considérés comme crasse ou matières neutres et insolubles.

En calcinant la céruse on obtient la *mine orange*, dont la teinte est vive et moins terreuse que celle du minium.

En mélangeant par parties égales de la céruse à l'huile et du minium en poudre, on fait le *mastic* dit *de plomb* qui sert à luter les machines à vapeur ou les conduites d'eau.

Employée seule, la céruse en pâte sert à faire les enduits à la truelle, qui sont maintenant en usage dans les bâtiments neufs, par les ouvriers spéciaux appelés *enduiseurs;* elle est en usage pour les gaziers pour remédier instantanément aux fuites de gaz.

Les accidents causés par l'intoxication du plomb ont reçu le nom de *coliques de peintre*, l'ouvrier peintre, employant la peinture à base de céruse étant le plus exposé à absorber les émanations si dangereuses de ce toxique.

III — Des altérations et des falsifications de la céruse.

La céruse renferme quelquefois de l'*oxyde de plomb* non combiné qui se rencontre surtout dans les produits obtenus par la méthode anglaise.

La présence de ce corps a pour effet, lorsqu'on mélange la céruse à l'huile, de communiquer à cette dernière une coloration jaune qui ne disparaît qu'au bout d'un certain temps d'exposition à l'air, grâce à la décomposition du savon plombique formé sous l'influence de l'acide carbonique de l'atmosphère.

La céruse dite *rouge* doit cette coloration à un sous-oxyde de plomb qui se forme dans les loges du procédé hollandais, lorsque l'oxygène vient à manquer ; on a cru longtemps, mais à tort, que cette coloration était imputable aux métaux étrangers qui accompagnent toujours le plomb.

Lorsqu'on veut faire un essai rapide de la céruse sèche, il suffit de calciner dans un creuset ou une capsule de porcelaine la quantité de 10 grammes de ce produit.

On observe que la céruse pure perd 14.5 o/o de son poids, tandis que celle qui possède un mélange de 50 o/o de sulfate de baryte perdra 10 o/o, et celle dont le mélange en baryte est de 60 o/o perdra 5 o/o de son poids.

Si la céruse est broyée à l'huile, il convient d'enlever d'abord le corps gras par un lavage avec du sulfure de carbone ou de l'essence. On traite une partie du blanc par l'acide chlorhydrique (esprit de sel) dilué, qui dissout immédiatement les *carbonates*, sauf celui de baryte.

S'il n'y a pas de résidu insoluble par l'acide, cela indique que la céruse doit être pure.

Dans le cas où il y a un produit inattaqué, on le recueille sur un filtre et on le lave ; on en arrose une portion avec une solution d'hydrogène sulfuré. Si le résidu se colore en noir, la présence du sulfate de plomb est constatée.

— Sil n'y a pas de coloration, on calcine une partie du résidu avec du charbon et on traite la masse, après refroidissement, par l'acide muriatique ou chlorhydrique. — La dissolution avec dégagement d'hydrogène sulfuré donne un précipité qui est le *sulfate de baryte*. — Si le liquide filtré additionné de solution de sulfate de chaux, ne se précipite pas, le mélange est du *sulfate de chaux* et s'il n'y a pas de dégagement de gaz sulfuré, nous observons un silicate.

IV — Le blanc de zinc.

Le *blanc de zinc* est, avec la céruse, le blanc le plus employé dans la peinture en bâtiment, mais s'il a pour lui une blancheur égale à la neige — dont la qualité surfine prend le nom — la céruse possède un pouvoir couvrant que n'aura jamais son concurrent, étant donnés les métaux qui servent de base à leur fabrication réciproque.

En 1854, une brochure , sous forme de manuel, sur la peinture au blanc de zinc, a été éditée par la société de la *Vieille-Montagne*, rue Richer, n° 19, à Paris, dans le but probant de propager cette nouvelle peinture, plus belle, plus éclatante que celle à la céruse et surtout moins toxique, par conséquent moins dangereuse pour les ouvriers qui l'emploient.

Cette brochure n'a pas eu tout le succès qu'en attendaient ses éditeurs, car aujourd'hui après trente années d'application, le blanc de zinc est loin d'avoir pénétré dans tous les ateliers de peinture.

Nous ne voulons point dire que ce blanc n'ait pas d'apôtres, bien au contraire, il y a des peintres tant à Paris qu'en Province qui ont renié la céruse pour le blanc de zinc et qui s'en trouvent fort bien. Mais aussi, il leur a fallu changer la pratique de la peinture, sortir des ornières de la routine, et apprendre aux ouvriers la manière de s'en servir. On dit, et cela devient une légende parmi les peintres, que *M. Leclaire* a été l'inventeur de ce nouveau blanc et que, pour faire bien comprendre la parfaite innocuité du blanc de zinc, il en aurait mangé en tartines, étalé sur du pain. Cela peut être ! mais nous en doutons ; dans ce cas, prophète d'un nouveau genre, il réussit à inspirer une confiance aveugle aux nouveaux adeptes, en ne risquant qu'une faible colique.

Les récompenses qu'il eut de son vivant ont été pour lui une bien grande consolation !... et il restera pour tous les peintres qui l'ont connu, un philanthrope ayant toujours cherché les moyens d'améliorer le sort de ses ouvriers. Comme praticien, M. Leclaire, aidé de la *Vieille-Montagne* qui ne lui ménagea point les avances pécuniaires, fit faire un grand pas à la nouvelle peinture, en faisant journellement application de ce blanc dans tous les travaux où la céruse était précédemment employée.

Le blanc de zinc avait un avantage sur cette dernière, cet avantage au point de vue hygiénique était de ne point se décomposer au contact de gaz sulfureux ou ammoniacaux ; l'engouement ne tarda pas à s'emparer de ce nouveau produit ; mais on lui reprochait de ne pas être siccatif, de ne point former un corps homogène avec l'huile et d'être difficile dans son emploi, à cause de sa transparence.

C'est ici que M. Leclaire mérite notre admiration pour son acharnement à remédier aux défauts reconnus à son blanc.

Laissant de côté, la brosserie en usage, il fit emploi de queues de morue, plates et longues de soie, connues sous le nom de *queues à lisser* ou à glacer le blanc de zinc, lesquelles sont de son invention et réussirent à fixer l'opacité de la peinture.

D'un autre côté, il fallait un siccatif autre que la litharge pour la dessiccation du blanc de zinc, c'est alors qu'il composa une huile siccative ayant pour base les sels de manganèse, qui la rendaient siccative, mais qui ternissait légèrement le blanc.

M. Sorel, à cette époque, fonde une fabrique de blanc de zinc (actuellement A. Latry et Cie), qu'il désigne sous le nom de *blanc de zinc siccatif ;* mais ce blanc est loin de satisfaire les exigences des peintres qui décidément abandonnent cette peinture, quand apparaît le *siccatif sumatique* (?) qu'un pharmacien du nom de Barruel avait inventé pour la dessiccation complète du blanc de zinc, sans nuire à l'inaltérabilité de son éclat.

Ce produit à base de borate de manganèse a donné naissance à quantité de produits similaires, qui sont employés dans le blanc de zinc aussi bien que dans les autres teintes.

Avec ces *siccatifs* on peut affirmer la stabilité du blanc de zinc et sa place pour toujours dans l'atelier du peintre en bâtiment.....

Le zinc est un métal qui est obtenu de minerais appelés *Calamine* et *Blende*.

La *calamine* est un carbonate de zinc, la *blende* est un minerai qui contient du soufre et du zinc (sulfure de zinc). Le dernier donne au rendement un métal de qualité médiocre.

Laissons de côté, la fabrication du zinc, qui ne nous préoccupe pas au point de vue de la couleur et passons immédiatement à celle du blanc de zinc, qui fait le fond de notre article.

Les premiers essais de la fabrication du blanc de zinc datent de la fin du XVIII° siècle, c'est en recueillant les poussières blanches déposées par les vapeurs de zinc dans les usines, que l'idée est venue de l'utiliser dans la peinture.

Bien que MM. Guyton de Morveau et Courtois s'occupèrent alors de produire les oxydes de zinc, leurs essais ne répondirent pas à leurs recherches et la peinture ne fit son apparition commerciale que vers 1840.

C'est M. Leclaire, alors entrepreneur de peintures à Paris, qui fut le propagateur de ce genre de peinture, en remplaçant la céruse (carbonate de plomb) par le blanc de zinc (oxyde de zinc). En effet, sans lui et les efforts qu'il a exercés pour le faire apprécier de ses confrères, le blanc de zinc serait encore inconnu probablement.

Les procédés de fabrication sont très simples ; pour sublimer en quelque sorte le blanc de zinc en l'oxydant par la rencontre d'un courant d'air (oxygène), on place des plaques de zinc dans des cornues que l'on soumet, dans un four ad hoc, à une température très élevée, le métal entre en fusion et se vaporise. Ces vapeurs sont mises au contact d'un courant d'air qui les transforme en *oxyde de zinc*; elles sont chassées à travers plusieurs chambres, où elles se condensent et retombent en flocons neigeux contre les parois de ces chambres disposées en entonnoirs, fermées par des sacs.

Le blanc se recueille en ouvrant les sacs et ensuite mis en barils de tout poids.

Les blancs ainsi obtenus, se divisent en plusieurs qualités, suivant le métal employé.

Il y a pour commencer la série :

1° Le *blanc de neige*, le blanc le plus pur, le plus éclatant ; il est livré en barils de 50 à 200 kilos, sous *cachet de cire verte*.

2° Le *blanc de zinc n°* 1, aussi couvrant que la première qualité de céruse, mais plus blanc et moins toxique ; il est livré en fûts de 50 à 200 kilos sous *cachet de cire rouge*.

3° Le *blanc de zinc n°* 2, d'un blanc un peu soufré ; il est livré en fûts sous *cachet de cire bleu*.

4° Le *gris pierre* est un résidu de la fabrication du blanc de zinc n° 1, sa teinte est légèrement gris-jaune et bien qu'il soit pur oxyde, on ne peut en faire usage que pour les premières couches. Il est livré en fûts de 100 kilos et au-dessus sous *cachet de cire grise*.

5° Le *gris-ardoise*, cet oxyde se forme directement dans la fabrication du zinc brut, il est recueilli dans des tubes de condensations, et autour des fours, où il tombe en grande quantité. Cet oxyde est lourd et contient environ 50 o/o de métal ; sa teinte est ardoisée et peut remplacer dans la peinture, le minium dans ses applications sur les métaux, pour les garantir de l'oxydation.

Il est vendu en barils de 100 kilos et au-dessus, sous *cachet de cire noire*.

Le blanc de zinc est fabriqué par la *Société de la Vieille-Montagne*, rue Richer, à Paris ; en outre de cette Société, dont les produits sont recommandés comme étant les plus purs et les plus éclatants, il en est fabriqué à Grenelle par la Société *A. Latry et C*ᴵᵉ, sous le nom de blanc de zinc siccatif, et à Tours par la maison *Bruson et C*ᴵᵉ.

Le blanc de zinc le mieux estimé, étant celui de la *Vieille-Montagne*, cette société a jugé à propos, pour se garantir contre la fraude, de cacheter, comme il est dit ci-dessus, les fûts des blancs sortant de son usine ; les barils sont à poids net 50, 100, 150, 200 kilos et au-dessus ; ils sont garnis intérieurement, pour la poudre, avec du papier, — pour celui broyé à l'huile, il est logé dans une boite en zinc de forme cylindrique — sous chaque fond de baril, se trouvent indiqués sur le papier d'enveloppe, la marque de fabrique et le n° du blanc y contenu.

A part ces sortes de blancs, il en est fourni aux peintres par le commerce, qui contiennent une quantité plus ou moins grande de *sulfate de baryte* qui sert à frauder la qualité du blanc de zinc en créant des sortes secondaires, avec une différence de 10 à 15 francs par 100 kilos. — Contrairement à ce que l'on croit sur le sulfate de baryte, si son pouvoir couvrant est moindre, il est vrai, du moins, il ne détruit point la blancheur ni l'innocuité du blanc de zinc auquel il est mélangé.

Le blanc de zinc est en poudre impalpable, quoique floconneuse, il peut être employé, simplement infusé dans l'essence ou dans l'huile de pavot ; mais cependant, nous conseillerons toujours aux peintres, de le broyer au moment de s'en servir, au moyen de la molette ou des moulins spéciaux dont le dépôt est à Paris, chez M. *L. Caron :* c'est un outillage peu coûteux qui a sa place dans les ateliers de peinture. Le blanc de zinc est vendu également tout broyé par les sociétés de la *Vieille-Montagne*, de Grenelle ou du Portillon ; mais ce blanc, se graissant facilement malgré son enveloppe métallique, il gagne à être broyé par le peintre au moment même de son emploi, car non seulement celui-ci est assuré de la qualité de son blanc, mais encore, il obtient des blancs purs et parfaitement mats.

V — Le blanc d'argent.

N'est pas autre chose qu'un blanc de plomb (carbonate de plomb pur) qui se fabriquait à Krems (Hongrie) ; il est vendu dans le commerce sous forme de grains ou trochisques, il n'est aujourd'hui employé que dans la peinture artistique, et souvent remplacé par du *blanc de neige* (oxyde de zinc).

VI — Le blanc de baryte.

Le blanc de baryte est plus connu sous le nom de *spath* ou *sulfate de baryte ;* c'est une subtance blanchâtre, pesante, qu'on rencontre dans la nature, notamment en Auvergne et en Allemagne.

Il est peu employé en peinture, mais il est le principal agent de fraude dans les couleurs, à cause de sa facile assimilation avec toutes, et il forme la base des couleurs à bon marché, tels que les verts et bleus à charron.

VII — Le blanc de Meudon.

Ce blanc, plus connu sous le nom de *blanc d'Espagne*, est tout simplement de la craie (carbonate de chaux) lavée et mise en pains, puis séchée à l'air libre ; on le tire un peu partout mais notamment des environs de Paris : Issy, Meudon, Bougival, Marly, Montereau et de Troyes, sous lesquels noms, on le désigne également.

Le blanc de Meudon est le plus apprécié, il est en pains plus petits, d'une pâte plus fine et mieux broyée.

Son emploi est restreint en peinture, il sert à confectionr r le blanc de plafond et à faire le mastic à vitrier.

Il était autrefois plus employé et servait de base au *molleton* de nos pères, mais aujourd'hui il entre pour une grande partie dans la composition du *ratissage* ou des enduits ; on emploie à cet usage du *blanc tamisé* en poudre impalpable livré en sacs de 50 kilos.

VIII — Des couleurs noires.

Le *noir* est une couleur obtenue :

1° par la calcination des os :

> Noir d'ivoire, noir animal

2° par la combustion des résines et des goudrons .

> Noir léger, noir de fumée
>
> Noir d'Allemagne

3° par celle des bois ou des noyaux, pour les noir de vigne, noir de charbon, noir de pêche, etc.

4° il se trouve également à l'état naturel dans les terrains ferro-manganiques :

> Noir de fer, noir minéral
>
> Noir d'Auvergne.

Le noir sert à foncer les tons, à les rabattre en quelque sorte ; il faut être prudent lorsqu'on en ajoute à une teinte.

IX — Des couleurs bleues.

Les substances qui donnent le *bleu* sont minérales ou végétales et en grande partie fournies par l'industrie sous des nuances variées.

Les plus employées sont :

1° Le *bleu de Prusse* (ferro-cyanure ferrique).

2° Le *bleu minéral* ou fluor, mélange de bleu de Prusse, alumine magnésie et sulfate de zinc.

3° Le *bleu de Brême* (oxyde de cuivre hydraté).

4° Le *bleu d'outremer* artificiel, obtenu avec alumine, carbonate de soude et soufre.

5° Le *bleu à charron*, composé de bleu de Prusse et de sulfate de baryte.

X — Des couleurs jaunes.

Les matières qui fournissent la couleur *jaune* sont nombreuses, mais nous occupant seulement de celles qui forment la base de cette couleur en peinture, nous les classerons suivant leur nature et leur richesse de ton.

1° Le *jaune de chrome* est obtenu par un chromate de plomb dont la nuance varie suivant la base qui sert à la combinaison. Les nuances les plus usuelles sont : *citron, bouton d'or, orange et souci*. — On obtient également des jaunes de chrôme avec le chromate de zinc ; mais si la couleur est moins brillante, elle a l'avantage de ne pas noircir au contact des vapeurs sulfureuses. — 2° Le *jaune de Naples* mélange de carbonate de plomb, d'antimoine et d'alun. — 3° La *laque jaune* obtenue par extrait de bois et alumine, ne donne qu'une couleur diaphane et n'est guère employée que dans la décoration des stores. — 4° Les *ocres*, sont plus employées à cause de leur bas prix, et de leur grande solidité.

Les ocres sont des terres agileuses et siliceuses qui sont colorées par l'oxyde de fer, on les prépare par lavages pour les débarrasser des impuretés et du sable, puis séchées avant d'être logées en fûts de 50, 100 et 200 kilos environ et poids brut.

Les ocres proviennent de la Bourgogne ou du Berri et portent le nom de leur provenance. Les qualités sont nombreuses, les ocres ordinaires sont employées dans le bâtiment, pour colorer le plâtre ; les qualités fines et surfines dans la peinture à la détrempe et décorative. Depuis quelques années, on exploite les ocres dites du midi, qui proviennent du comtat d'Avignon et des Bouches-du Rhône. Les *ocres supérieures* dont M. L. Caron est concessionnaire sont riches de tons, d'une finesse et d'une impalpabilité régulières, elles conservent leur nuance, mélangées au blanc et si, au lieu d'un broyage, elles ne subissent qu'un fusage, elles n'ont pas le désagrément constaté dans l'emploi des ocres de Bourgogne, de s'attacher au fond de la brosse et d'altérer les soies. Elles sont de deux nuances : — JCLS. Jaune claire lavée supérieure — JFLS. jaune foncée lavée supérieure. Dans cette classification, on comprend également les *jaunes Mexico*, qui sont des ocres ferrugineuses fournies par les Ardennes ; les *terres de Sienne naturelles* et d'Italie ; l'ocre de rû.

XI — Des couleurs rouges.

Puisque nous sommes sur les ocres, ajoutons que leur calcination, dans un four ad-hoc, fournit une couleur rouge brique, rouge sang de bœuf, ou rouge orange, suivant le degré de la chaleur, mais surtout des ocres, qui ont servi à cette calcination.

On opère ensuite par lavages et séchage. L'*ocre rouge* la plus commune, contenant encore du sable, est employée par les maçons, et la qualité surfine (RN°ILS ou RFLS) convient aux travaux fins de peinture.

Les ocres des Ardennes donnent par calcination des couleurs rouges plus ou moins foncées, suivant la quantité d'oxydes ferreux, qui sont combinés au silice ; elles sont désignées *rouge saumoné, pompéien, rouge Mexico* et *minium de fer*. — Les terres de Sienne ou d'Italie calcinées sont employées dans la peinture décorative et l'artiste doit éviter la fraude en essayant ses terres qui doivent être diaphanes et non opaques, comme l'ocre.

Le *vermillon* ou cinabre est un sulfure de mercure, on le désigne sous les noms de provenance : français (pâle) anglais (foncé) et d'Allemagne ; ce dernier improprement désigné, nous vient de l'Autriche sous la marque DR et d'un meilleur emploi que les autres pour le réchampissage des voitures; aussi est il plus connu des peintres sous le nom de *vermillon à réchampir*. — La *laque carminée* et le *carmin* sont obtenus de la cochenille, ils sont peu employées dans la peinture du bâtiment.

La *mine orange* et le *minium*, bien que rangés par nous dans les couleurs rouges, sont plutôt des *orangés;* ils sont obtenus par la calcination du plomb et plus ou moins riches de nuance. Les plus estimés sortent de la fabrique de M. Bruzon de Tours. Les Allemands, depuis quelques années, inondent nos marchés de produits inférieurs, et le peintre doit refuser, dans son intérêt professionnel et dehors de ses sentiments patriotiques, toutes marchandises de cette provenance.

Le minium n'est guère en usage dans la peinture que pour

préserver les fers de la rouille — le chrôme foncé et le *rouge de chrôme* doivent être, également considérés comme des orangés.

Le *rouge d'Andrinople* qui est obtenu par le chromate de potasse, s'emploie de préférence à la colle, — les *rouges* Turc, de *France*, *Américain* et *Vermillon factice* sont obtenus par l'éosine (aniline) mélangée à du minium, ils sont d'un bon emploi et remplacent le vermillon, dont le prix, par suite du cours élevé du mercure n'est pas abordable pour des travaux ordinaires.

XII — Des couleurs vertes.

Le *vert* peut être obtenu par un mélange de jaune de chrôme et de bleu de Prusse, ou de l'ocre et du noir ; mais le peintre a profit de se fournir, chez son marchand de couleurs, de verts tout préparés parmi lesquels : vert *milori*, vert *Malakoff*, vert *français*, vert de *zinc* ou *Lumière*, vert d'*Outremer*, vert *métis* ou de *Schweinfurt*, à base d'arsenic et de cuivre, *vert de gris*, ou vert-det (acétate de cuivre) *verts foncés* pour équipages ou portes cochères, désignés comme suit : verts *légers*, à *wagon*, *bronze*, *national*, *prussique*, *feuille morte*, *Russe*, *olive*. Il évite de la sorte du temps perdu à composer des tons et il est toujours assuré d'une même nuance.

XIII — Des couleurs brunes.

Nous avons dit qu'en calcinant les ocres, à une température excessive, on obtenait des couleurs foncées ou brunes : le minium de *fer*, la *terre d'ombre calcinée*, la *terre* de *Cassel* et de *Cologne*, en sont le résultat.

Le *brun Van Dyck* est obtenu en soumettant le sulfate de fer à plusieurs calcinations, de là sa désignation : *brun écarlate*, *brun rouge*, *brun Van Dyck clair* et *brun Van Dick violet*, *brun Victoria*, etc. La belle qualité est toujours plus appréciée ; mais souvent il est vendu sous le nom de brun Van Dyck, des produits qui contiennent des argiles ou de la baryte. On désigne dans le commerce d'autres bruns qui ne sont que des mélanges de plusieurs couleurs, tels que le *brun d'Irlande*, le *brun Bismarck*, le *brun Havane* ou Tabac.

Le peintre peut, en outre, créer des *bruns* en mélangeant du rouge avec du noir, du bleu ou du vert, pour ombrer et éteindre la vigueur de certains tons.

XIV — Du mélange des couleurs.

Pour obtenir des teintes composées, il faut procéder par tâtonnement, afin d'éviter ce qu'on appelle une *fausse* teinte, ou la perte d'une peinture mal préparée.

Nous avons dit que le *blanc* servait à éclaircir tous les tons, il y aura lieu de se le rappeler, lorsque nous aurons une couleur trop foncée qui nuira à l'harmonie de la décoration.

Nous donnons ici un aperçu très sommaire des teintes usuelles, que le praticien pourra varier selon le besoin.

---

	gris blanc,	blanc 500	gr.		noir	5
	gris perle,	— 500			—	10
	gris croisé,	— 500			—	15
	gris fer,	blanc 500			—	30
Nuances grises	*gris ardoise,*	— 500			—	60
	gris bleu,	— 500	noir, 15		bleu	5
	gris fonte,	— 500	— 30		—	25
	gris lin,	— 500	— 20		jaune	20

Une pointe de vermillon

	Sapin,	blanc 500	ocre jaune 100		
Nuances jaunes	*Jaune bois,*	— 500	— 200	rouge 100	
	Ton pierre,	— 500	— 30	noir	5
	Café au lait,	— 500	— 50	ombre	10

Nuances jaunes (Suite)	*Noyer,* jaune 300 rouge 150 noir 50
	Rotin clair, blanc 500 chrôme 50
	Jonquille, — 500 chrôme 2° Nᵒˢ 100
	Citron, — 500 — 1° Nᵒˢ 100
	Une pointe de bleu
	Bouton d'or, — 500 chrôme 2° 200
	Chamois, — 500 — 100 Sienne 50
	Une pointe de vermillon

Nuances bleues

Bleu azur ou de *ciel* blanc 500, bleu Prusse 10, ou d'outremer 20.

Bleu foncé, blanc 500, bleu Prusse 60 ou d'outremer 120.

On peut ajouter une pointe de vermillon.

Bleu Paon, blanc 500, outremer 100, vert 20.

Outremer, s'emploie pur ou pour glacer sur un bleu.

Nuances vertes

Vert d'eau, blanc 500, vert de zinc 30.

Vert pré, blanc 500, vert milori 3° 100, ou vert français 3° 250.

Vert treillage, blanc 200, vert français, 300.

Vert bleu, vert français 500, bleu 50, ou vert prussique.

Vert bronze, vert 500, brun 100, noir 50.

Vert olive, ocre jaune 100, noir 200, ou vert feuille morte.

Vert à devanture, vert léger, vert wagon.

Vert à voiture, vert wagon, national, vert russe.

Vert brillant, vert métis 300, blanc 200.

Nuances rouges, violettes, orangées

Rose clair, blanc 500, vermillon 30.

Lilas, blanc 500, laque 30, bleu 10.

Ecarlate, vermillon avec laque carminée.

Brique, ocre rouge et blanc.

Terre cuite, ocre jaune 300, rouge 200, blanc 200.

Violet clair, blanc 500, bleu 100, laque 50.

Nuances rouges, violettes, orangées *(suite)*

Violet foncé, blanc 200, bleu 200, laque 100, ou brun Van Dyck 500, bleu 50.

Orange, blanc 200, chrôme 60, vermillon 10, ou blanc 200, mine orange 200.

Souci, rouge de chrôme 200, blanc 100, ou mine orange 100, vermillon 10.

Nuances brunes

Marron, ocre rouge 400, noir 100.

Chocolat, ocre rouge 300, brun Van Dyck 100, noir 200.

Brun violet, brun Van Dyck.

Vineux clair, blanc 500, brun Van Dyck 30, vermillon 10.

Vineux foncé, blanc 500, brun 100.

Brun carmélite, brun Van Dyck 500, noir 200.

Brun d'Irlande, ocre jaune 200, ombre 100, brun Van Dyck 100, noir 50.

Brun Bismarck, Mexico 200, ombre calcinée 100, brun Van Dyck 50.

Brun Havane, Mexico 200, ombre 200, noir 50. Une pointe de vermillon.

Les proportions indiquées ci-dessus, ne sauraient être d'une exactitude absolue, car les teintes peuvent varier suivant les substances qui ont été employées à les composer ; c'est au peintre à bien choisir ses couleurs de bonne qualité ; elles seules, peuvent satisfaire aux exigences de la décoration.

La préférence doit être donnée aux couleurs franches de tons, et un essai doit être fait préalablement, pour apprécier la colorisation de chacune d'elles, les couleurs mélangées, de qualité secondaire, coûtent, il est vrai, meilleur marché, mais le pouvoir couvrant est insignifiant et réclame une plus grande quantité de matières colorantes, au détriment de la nuance véritable.

CHAPITRE III

Pour préparer une peinture quelconque, on additionne à la couleur les quantités d'huile de lin et d'essence qui sont nécessaires pour qu'elle soit couvrante, sans être ni trop épaisse, ni trop liquide.

Les premières couches sont tenues plus corsées et moins fortes en huile ; pour peindre à l'extérieur, il convient de mettre plus d'huile que d'essence, tandis que pour les travaux intérieurs, il suffit de mettre quantité égale de liquide ; cependant lorsque la couleur est broyée grassement, il convient de mettre un peu plus d'essence de térébenthine, de même pour les peintures mates. Les huiles employées pour le broyage ou la préparation des peintures, sont végétales et siccatives ; *l'huile d'œillette* ou de pavot est employée pour le broyage des blancs, et pour préparer les peintures blanches ou claires de tons. — On emploie de préférence dans la préparation des peintures foncées, l'*huile de lin*; cependant dans certaines régions, on emploie également *l'huile de noix* qui sèche vite, mais elle a le défaut de rancir et d'altérer les teintes. Les huiles d'olive, de colza et de navette ne peuvent être utilisées dans la peinture.

I — De l'huile de lin. — Son emploi dans la peinture et la fabrication des vernis

L'huile de lin est obtenue de la graine de lin (linum usitatissimum) plante qui est cultivée dans toute l'Europe. La meilleure et la plus appréciée, nous parvient du nord de la France et les marchés principaux de ce produit oléagineux sont : Douai, Cambrai, Arras et Lille ; l'huile qui provient de ces marchés est appelée *huile de lin du Nord.*

D'autres départements de la France nous approvisionnent d'huile de lin, parmi ceux-là : le Calvados, la Sarthe, les Côtes-du-Nord, etc.; on la désigne généralement sous le nom d'*huile de lin de pays.*

Sans dénigrer cette dernière sorte, qui a cependant sa valeur pour les travaux de peinture, elle ne saurait remplacer l'huile de provenance du nord pour la fabrication des vernis gras ainsi que pour la peinture soignée. Du reste, son prix en est moins élevé de quelques francs.

Nous avons dit que l'huile de lin s'obtient en pressurant la graine de lin ; cette graine contient de 25 à 35 o/o d'huile, on en retire par un pressurage à chaud encore 20 à 25 o/o et l'excédant (soit 5 à 10 o/o) reste dans les pains ou *tourteaux* qui servent à l'engraissement des bestiaux.

L'opération se fait de la manière suivante, à quelques exceptions suivant la graine :

Les graines sont écrasées d'abord à froid entre deux cylindres en fonte. Cette première opération a pour but de faciliter l'extraction de l'huile.

Elles passent ensuite dans un moulin à l'huile, où elles sont réduites en une poudre grossière.

Cette poudre est placée dans une poêle et est mise en contact avec un courant de vapeur qui est portée à une température de 90° centigrades. Les graines, dès ce moment, commencent à suinter, l'huile devient plus liquide ; on peut, dès lors, séparer les matières étrangères et obtenir une huile déjà pure.

La température ne doit pas être trop élevée, car autrement l'huile pourrait se colorer ou prendre mauvais goût.

La poêle à chauffer les graines, se compose d'un cylindre en tôle à double paroi ; au milieu se trouve un agitateur.

Le cylindre intérieur est-il rempli de graines, la vapeur est aussitôt lâchée dans le conduit circulaire et, l'on met en marche l'agitateur afin de répartir la chaleur d'une façon égale, autant que possible.

Une fois portée à la température voulue, la farine tombe par une ouverture réservée au milieu de la poêle, dans des sacs en laine, que l'on porte ensuite sous une presse. Les graines, donnent à ce premier pressurage, à peu près la moitié de la quantité d'huile qu'elles contiennent.

Les résidus, qui forment un pain peu compacte, passent de nouveau sous le moulin à l'huile où on les réduit en poudre.

Si les graines sont sèches, on les mouille légèrement en y injectant une petite quantité d'eau. Cette poudre est de nouveau chauffée dans la poêle, puis soumise à un second pressurage. La pression est élevé progressivement, jusqu'à 225 atmosphères et les graines, donnent autant que la première pression ; mais la qualité en est moins appréciée.

L'huile de lin, une fois obtenue, doit reposer un certain temps dans les réservoirs spéciaux, où se déposent les matières étrangères ; le décantage a lieu ensuite et les parties inférieures sont filtrées.

Quant aux tourteaux des graines de lin, qui contiennent 25 o/o de matières albumineuses, 10 o/o de graisse et environ 10 o/o de sels minéraux, ils sont recherchés pour la nourriture des bestiaux pendant l'hiver.

L'huile de lin obtenue à froid, est jaune-clair, tandis que celle exprimée à chaud est jaune-foncé, sa saveur n'est point désagréable, son odeur est particulière et la rend parfaitement reconnaissable. Sa densité est de 0,920 grammes.

L'huile de lin est employée dans la peinture, à cause de sa siccativité au contact de l'air.

Elle entre dans la composition des vernis gras, des huiles cuites, des siccatifs liquides et des colles d'or ; — on s'en sert pour le broyage et la préparation des couleurs, des mastics à vitrier ou de minium, etc.

On la falsifie avec des huiles de coton, mais plus souvent, avec de l'*huile de résine*, par une addition de 10 à 15 0/0, et en la mélangeant à l'huile de lin, par un brassage vigoureux.

Il est facile de reconnaître cette fraude, en chauffant légèrement l'huile suspecte, ou en mettant un peu sur la paume de la main gauche pour opérer un frottement sec avec la paume de la main droite ; il se dégage alors une odeur âcre, résineuse et acidulée, distincte de l'huile de lin.

Le mélange d'huile de résine à l'huile de lin, dans la peinture, n'est point préjudiciable à la durée, mais ce n'en est pas moins une tromperie sur la valeur de la marchandise vendue, quelquefois un peu au-dessous du cours.

L'acheteur doit veiller à être bien servi par son marchand ; pour cela, il y va de son intérêt, de payer quelques francs plus cher son huile de lin, qu'il aura plus claire, limpide et bien reposée, pour l'emploi qu'il en veut faire.

L'huile de lin est habituellement livrée en fûts pétroliers, de la contenance d'environ 160 kilos ou en touries de 55 kilos et bouteilles au dessous, — le logement en bouteilles ou bidons est à la charge de l'acheteur.

II — De l'essence de térébenthine — Sa fabrication.

Le pin maritime dont les forêts s'étendent dans le département des Landes, depuis Bordeaux jusqu'à Bayonne, est l'arbre qui fournit l'essence de térébenthine, la matière première par excellence de la peinture en bâtiment, et de la fabrication des vernis.

En outre des Landes, l'Amérique du Nord fournit une sorte d'essence d'Amérique, forte en goût, à odeur désagréable et piquante, qui la fait rejeter des travaux de peinture à l'intérieur ; elle graisse facilement, par sa dessiccation plus prompte à l'air et les pigments qu'elle contient. La Russie donne également une essence qu'elle exporte, mais on lui préfère, celle indigène qui est moins huileuse et qui convient à tous les travaux. L'Angleterre ne produit pas d'essence.

La matière qui découle de l'arbre est la *térébenthine brute* ou pour nous conformer à l'expression du pays, la *gemme*. Le gemmier est l'ouvrier chargé de faire des incisions à l'arbre et recueillir dans des pots le suc qui découle de cette façon. C'est une industrie qui remplace le labourage ou toute autre culture dans cette contrée stérile. La gemme est mise dans des fûts du poids de 350 kilos environ, pour être ensuite transportée dans des distilleries spéciales, dans lesquelles, elle est transformée en *essence de térébenthine.* — Les substances qui restent dans l'alambic après la distillation, sont la *colophane*, *l'arcanson*, le *brai sec :* elles sont ainsi dénommées suivant la beauté du résidu ; il y a aussi des colophanes (système Hugues) qui sont claires comme une vitre, et d'autres d'un rouge brun (brai sec) dont la valeur commerciale est insignifiante. — La *résine* est le résultat d'un brassage à l'eau dans une chaudière d'arcanson en ébullition, elle est blonde, friable, et contient encore de l'eau lorsqu'on la casse ; on l'emploie dans l'industrie métallurgique. La *térébenthine* est la sève qui découle naturellement de l'arbre à la saison venue, elle est claire, limpide et porte le nom de térébenthine de Bordeaux ; elle sert à la fabrication des vernis communs à l'essence et aux préparations pharmaceutiques (emplâtres). — Le *galipot* est la térébenthine séchée sur les lèvres de l'incision faite à l'arbre, il est milarmeux et entraîne quelquefois des scories dans sa récolte. — Le *barras* est une sorte de galipot grossier, contenant une plus grande partie de bois, que la sève entraîne jusqu'à terre ; il n'a presque pas de valeur, mais malgré sa mauvaise qualité, il est acheté pour son bas prix. — La *poix blanche* est produite du brassage à l'eau chaude avec du galipot en ébullition et bien épuré, elle est mise en vessies ou en barils ; son usage est répandu dans la pharmacie et dans l'industrie horticole, pour la greffe des arbres fruitiers. — Les *goudrons ou poix* sont obtenus par la calcination des pins, lorsqu'ils sont épuisés.

4

Le pin maritime est, comme vous le voyez, un arbre utile, car rien n'est perdu. Aussi le gouvernement consacre-t-il une somme importante aux plantations des dunes, non seulement dans le département des Landes, mais encore, dans ceux limitrophes de l'Océan. C'est du reste, le seul moyen de retenir les sables qu'entraîne la mer et c'est aussi, pour notre industrie, une source de profits à réaliser un jour.

De même que la Sologne, les Landes seront rendues fertiles, mais les dunes de l'Océan ne nous laisseront point manquer d'essence de térébenthine, car des milliers d'hectares sont couverts du *pinus maritima*, le seul arbre conifère qui s'y convienne.

III — Son emploi en peinture.

L'essence de térébenthine est un liquide incolore, limpide, possédant une odeur particulière, un peu âcre et désagréable; — à la température ordinaire, sa densité de 0,850, elle est inflammable à 40° et produit des vapeurs résineuses, qui la rendent impossible, comme pouvoir éclairant.

Elle s'oxide à l'air, et en épaississant, elle forme l'*essence grasse* employée comme véhicule, dans la peinture sur porcelaine ou sur verre.

Nous avons dit quelle était le résultat de la distillation des gemmes qui découlent du pin maritime, elle est livrée commercialement en fûts pétroliers de 160 kilos environ, ou en touries de grès de 55 kilos et au dessous, — logement en sus pour les bouteilles; — elle nous vient des Landes, et Bordeaux, Bayonne et Dax en sont les principaux marchés; les cours varient fréquemment et le marché de Paris n'est que la confirmation de ceux des pays de production, avec six francs d'augmentation pour le transport. L'Amérique produit également une essence de térébenthine qui découle des *Pinus Australis*, elle alimente les marchés étrangers, notamment ceux de Londres, qui en a toujours un stock souvent assez considérable, pour influencer nos marchés français, — l'essence d'Amérique donne aux vernis anglais, ce parfum reconnaissable, lors du vernissage, et qui a longtemps accrédité chez nous la supériorité de leurs vernis.

L'essence de térébenthine subit une nouvelle distillation pour la fabrication des vernis à tableaux, et on appelle *essence rectifiée*, celle qui a été filtrée (on se sert d'un filtre Laurent mis dans un entonnoir).

L'essence de térébenthine, est le délayant nécessaire, dans l'emploi de la peinture à l'huile ou de la fabrication des vernis gras et à l'essence, elle sert à fabriquer l'encaustique pour meubles, connue sous le nom de *cire à l'essence*, elle est employée pour le dégraissage des étoffes (taches de peinture); sa consommation est importante, bien que gênée par le décret du 19 mars 1873 qui assimile, on ne sait trop pourquoi, l'essence de térébenthine aux hydrocarbures (essence minérale, schiste, benzine).

La Chambre syndicale des couleurs et vernis, s'est émue de l'état de choses, créé par un décret aussi malencontreux et fait tous ses efforts pour obtenir le déclassement d'un article de si grande consommation — tant pour le peintre que pour l'industrie. Les ministres qui se sont trop souvent succédés au ministère du Commerce et de l'Industrie, ont toujours reçu favorablement les doléances des marchands de couleurs; mais les chimistes, ne voulant pas, sans doute, se déjuger, en faisant rapporter ce décret, ne sont pas encore d'accord et il faut attendre patiemment une solution, tant et si justement réclamée.

Ainsi, le peintre en bâtiments ne débitant pas l'essence de térébenthine, peut emmagasiner telle quantité que ses réservoirs peuvent en contenir, tandis que le marchand de couleurs qui débite cet article est limité à 600 litres, et s'il vend de l'essence minérale ne peut en posséder que 150 litres, — pas plus — les fûts étant de 175 litres environ, le marchand se trouve alors en fraude et un procès verbal est, comme l'épée de Damoclès, constamment suspendu sur sa tête.

Si l'essence de térébenthine est si dangereuse, interdissez sa vente et revenons à la peinture à la détrempe de nos pères ? — Il y a lieu de faire remarquer, que l'essence de térébenthine, n'entre en ébullition qu'à 150° et qu'elle ne prend feu qu'à 40° — qu'une allumette plongée dans de l'essence de térébenthine froide s'éteint, sans communiquer la flamme ; il est supposable que les essais qui ont déterminé la mise hors la loi de cet article, ont été faits avec des essences contenant des matières inflammables, car l'on fraude l'essence de térébenthine, par l'addition d'essence minérale, d'essence de camphre et d'huile de résine ; on lui donne du poids, avec de l'eau, du talc ou du galipot. Il est difficile de reconnaître, sans analyse, la fraude qui existe dans une partie d'essence ; il convient d'opérer par précipité, ou par agitation : mais le résultat est encore incomplet. Le mieux pour l'acheteur est d'exiger une essence garantie pure et exempte de toutes matières étrangères, lesquelles sans nuire à la peinture, n'en sont pas moins une tromperie sur la marchandise.

IV — Des siccatifs dans la peinture.

On désigne en peinture par *siccatifs*, toutes matières en poudre, en pâte ou liquide, ayant pour objet la dessiccation prompte des peintures à l'huile.

L'emploi des siccatifs date de longtemps, mais il en est fait usage d'une façon, nous dirons presque désordonnée, depuis une dizaine d'années environ, par suite des grands travaux exécutés tant à Paris qu'en province.

L'action d'accélérer la siccité de la peinture est un profit pour le peintre, qui fait emploi d'un bon siccatif; en effet, non seulement il enlève ses travaux rapidement à la satisfaction du propriétaire, mais en même il réalise une économie notable sur la main-d'œuvre.

Cependant, le peintre doit observer de ne jamais mettre du siccatif dans son camion de couleur, longtemps avant l'application de sa peinture ; ceci est dans son intérêt, car l'oxygène de l'air agissant directement sur la matière siccative, solidifierait en quelque sorte la peinture, la rendrait pâteuse et d'un mauvais emploi.

C'est une erreur grave de la part des ouvriers, quand ils forcent au siccatif, avec la croyance que leur peinture n'en sèchera que plus vite ; il est difficile de les convaincre du contraire. Mais, souvent, ils ne savent point employer la matière siccative, ou s'engouent du premier siccatif venu, qui leur a réussi comme étant le meilleur à leur idée.

Tous les siccatifs, quelle que soit leur nature, sont bons, quand on les a étudiés et le dosage proportionné à la quantité de peinture à siccativer.

V — La litharge.

Remontons de quarante ans en arrière et nous sommes au temps où ce produit était considéré par le peintre, comme le *nec plus ultra* des siccatifs ; encore aujourd'hui, nous connaissons des peintres qui ne veulent point user d'autre siccatif et qui s'en trouvent bien.

La litharge est un oxye de plomb, demi-vitreux étant à l'état de paillettes ou de couleur jaune-brunâtre, lorsqu'elle est à l'état pulvérulent ; sa poudre est pesante, elle durcit à l'air et change un peu de couleur en s'oxydant à nouveau.

Le massicot, couleur bien connue des anciens, n'était pas autre chose que de la litharge, et c'est avec raison qu'elle est à jamais rejetée de nos ateliers modernes.

La propriété siccative de la litharge, provient par conséquent de sa nature plombique et c'est aussi le motif qui a fait rechercher un autre mode de dessiccation, ne nuisant pas à l'effet décoratif des peintures, devant être mises en contact avec des vapeurs ou émanations sulfureuses et ammoniciales.

Son immixtion dans la peinture a lieu de diverses manières :

1° En broyant la litharge à l'huile de lin et en l'incorporant dans la couleur.

2° En saupoudrant la quantité nécessaire dans le camion au fur et à mesure du besoin.

3° En faisant infuser dans l'huile ou dans de l'essence une quantité de litharge, et ne se servir seulement que des véhicules, rendus de cette façon dessiccatifs.

Quel que soit le mode de préparer la litharge, on n'obtient qu'un bien faible siccatif ; dans le premier cas, la litharge ne se mélange pas intimement avec la couleur, dans le second elle se retrouve au fond du camion.

Néanmoins, il faut avouer aussi que la *litharge d'or* du temps de nos pères était plus pure ou moins frelatée que celle d'aujourd'hui.

VI — Le sel de Saturne.

Encore un siccatif bien employé par les peintres du bon vieux temps, et, nous pouvons vous assurer, qu'ils n'avaient point tort de s'en servir.

Il fait aujourd'hui la base de bien des siccatifs, qui nous arrivent d'Angleterre, sous forme pâteuse, renfermés dans des tubes en étain, et lesquels sont recherchés par certains peintres décorateurs.

Le sel de Saturne est un sel de plomb (acétate neutre de plomb), il est vendu dans le commerce de drogueries ou de couleurs, sous la forme de cristaux blancs, d'un éclat vitreux ; il se réduit en poudre facilement et possède une saveur sucrée qui lui a valu le nom de *sucre de plomb*, sous lequel il était connu.

On doit, quand on le pulvérise, éviter de le respirer, car il est astringent et l'imprudent qui délaisserait les précautions d'usage serait incommodé des coliques de plomb.

Le meilleur mode d'emploi, est le broyage à l'huile de lin et son incorporation dans la teinte, après cette opération préalable.

Il était employé principalement pour les blancs et teintes claires, mais il ne convient pas dans les cabinets d'aisances, ni les bains sulfureux, dont les gaz décomposeraient la teinte dont il ferait partie.

Du reste, aussitôt l'apparition des blancs de zinc et des siccatifs en poudre, le sel de Saturne a été abandonné comme excipient.

VII — L'huile grasse.

En même temps que ces deux siccatifs, les peintres d'alors, faisaient usage d'un siccatif liquide, qui n'était autre que de l'huile de lin préparée par une cuisson, avec des oxydes métalliques qui la rendaient plus siccative.

Ils préparaient eux-mêmes cette huile, à laquelle ils ont donné, on ne sait trop pourquoi, le nom d'*huile grasse*, tandis que le nom d'*huile dégraissée* eût été plus logique, et aurait expliqué le phénomène opéré par la cuisson de l'huile poussée jusqu'à l'ébullition.

Ce n'était pas un mauvais siccatif et, pour réussir, le praticien était obligé d'employer de la bonne huile de lin, bien éclaircie par un long repos et exempte d'humidité ; c'est, du reste, sur la cuisson intelligemment combinée de l'huile de lin avec des oxydes métalliques, qu'est basé le siccatif liquide actuellement employé par les peintres de notre époque.

Dans le commerce de la couleur, pour continuer les errements du passé, les marchands vendent sous le nom d'*huile cuite siccative*, celle qui a été dégraissée selon la pratique, et sous le nom d'*huile grasse*, l'huile contenant encore des oxydes, non décantée, boueuse et quelquefois mélangée avec des résidus de vernis ou des matières résineuses, qui donnent du brillant à la teinte tout en l'épaississant, il est vrai, mais qui poussent à la cloque.

Les oxydes métalliques, qui servent à la préparation de l'huile cuite sont : les sels de plomb, litharge, céruse, terre d'ombre, sels de manganèse, etc. ; lorsque l'huile est préparée uniquement avec ces derniers (péroxyde de manganèse) l'huile cuite prend la dénomination d'*huile manganésée* et est vendue un peu plus cher que les autres : son action siccative étant plus grande.

VIII — Siccatifs en poudre.

Au lendemain de l'apparition du blanc de zinc dans les ateliers, il fallut trouver un siccatif, de nature autre que celle plombique, pouvant s'assimiler, sans danger, avec le nouveau blanc (oxyde de zinc), dont M. Leclaire était l'innovateur.

C'est à un pharmacien, M. Barruel, que revient l'honneur d'avoir trouvé un excipient, qui convenait à ce genre de peinture, sans nuire à sa blancheur.

Le *zumatique*, comme il l'appelait, fit sensation dans le monde de la peinture. Il était livré en caisses de 50 paquets de 500 grammes chaque, et l'étiquette annonçait que 2 o/o de ce produit suffisait pour faire sécher, en toutes saisons, la peinture à base de zinc.

Le zumatique était composé de *borate de manganèse* et de *blanc de zinc*, ce qui lui assurait une valeur commerciale, confirmant en quelque sorte, le prix de un franc, coté sur le paquet qui le contenait. Ses concurrents d'alors, et ceux d'à présent, remplacèrent le blanc de zinc par du blanc minéral (sulfate de chaux), et le borate de manganèse, qui était la base siccative, par d'autres sels manganiques : sulfate ou carbonate de manganèse.

Ces derniers sels, quoique siccatifs, ont le défaut, étant solubles, d'absorber l'humidité de l'air, de se masser avec la matière neutre servant à sa combinaison et de rougir légèrement la peinture, dans laquelle on les emploie, comme matières siccatives.

Depuis cette époque, la vogue étant aux siccatifs en poudre, il n'est pas de produits qui n'aient vu le jour, pour anéantir le zumatique. Nous reccommandons spécialement aux peintres le *Siccatif énergique* et le *Nouveau siccatif* fabriqués par L. Caron.

Le *siccatif en poudre* s'emploie en le broyant avec un peu d'essence, ou après l'avoir infusé quelques minutes avant son incorporation dans la peinture à l'huile ; quelques peintres le saupoudrent sur la teinte, mais nous ne saurions leur recommander ce mode d'emploi, funeste à leurs intérêts. -

La peinture n'est rendue siccative que par une bonne et intelligente incorporation de ce siccatif.

Ajouter à la peinture, une trop forte quantité de siccatif, est aussi nuisible que n'en point mettre. Le dosage de 2 o/o est loin d'être suffisant, mais la saison doit guider le peintre, dans la quantité convenant à chaque teinte et suivant l'exposition du travail à exécuter.

IX — Siccatifs liquides.

La difficulté de faire sécher rapidement certaines couleurs ocreuses donna naissance à d'autres siccatifs fluides, mats ou brillants, qui remplacent avec avantage pour les teintes foncées, les huiles cuites et la litharge. Nous recommandons le *siccatif Ratafia* liquide demi brillant, et le *siccatif Oriental* liquide mat, fabriqués par L. Caron et très en usage dans les meilleurs ateliers de peinture.

Ils s'emploient en petite quantité, mêlés à la teinte dont ils accélèrent la dessiccation sans gercer ; on peut en ajoutant à l'huile de lin 1/10 du *siccatif Oriental*, obtenir une huile siccative bonne pour la peinture.

Le peintre, doit en faire un usage modéré, et se rappeler que dans la peinture, ce n'est point la quantité qui agit, mais bien la qualité.

L'oxygène de l'air vient du reste en aide a ces sortes d'excipients et est pour eux un puissant auxiliaire. Si le temps est chargé d'humidité, le peintre doit forcer la dose de siccatif et au contraire en mettre moins lorsqu'il est sec. — C'est le baromètre qu'il doit consulter pour le bon emploi des siccatifs en général.

Il y a aussi le *Liquid-Dryer*, un siccatif anglais fluide qui s'emploie avec avantage, de même que la *Térebine*; ils ont une préparation analogue aux siccatifs français *Aubert* ou du *Soleil*, mais coûtent un peu plus cher.

Tous ces siccatifs, s'il faut en croire la version, seraient en quelque sorte, l'œuvre du hasard et l'on prétend que le feu ayant pris un jour dans une chaudière d'huile en ébullition, l'ouvrier aurait eu la pensée, du reste ingénieuse, de remplacer le manquant par suite de cette combustion, par de l'essence de térébenthine ; c'est ainsi que le siccatif fluide aurait été créé, à la satisfaction de tous les peintres qui l'emploient.

CHAPITRE IV

I — De l'humidité des murs.

Lorsqu'il est en présence de matériaux humides, le peintre doit commencer par assainir l'habitation avant d'appliquer sa peinture ; de même pour peindre sur les ciments et mortiers qui n'acceptent point la juxtaposition de la peinture ou des papiers peints, faire l'application préalable du liquide *gluco-métallique de L. Caron.*

Nous donnons ici, quelques renseignements pratiques tirés en partie de notre brochure : de l'humidité des murs et des moyens d'y remédier (1).

Des causes de l'humidité. — L'humidité est l'agent principal des miasmes putrides, qui décomposent les corps en favorisant leur fermentation.

L'humidité a pour causes : le sol marécageux ou gypseux ; les vents d'ouest chargés de vapeurs humides ou salines ; les emplacements de terrain sur lesquels sont construites les maisons ; le manque de caves ou de sous-sols, l'absence d'irrigation ; les matériaux employés ; les eaux pluviales ou ménagères ; les gelées, les inondations et autres accidents.

Effets de l'humidité. — Les statistiques médicales nous donnent chaque année, les chiffres des victimes de l'humidité ; c'est à elle que l'on doit les rhumes, rhumatismes, goutte, bronchites, paralysie, phtisie, etc., et toutes les maladies qui ont pour causes l'insalubrité ou un séjour prolongé dans un endroit humide.

(1) Paris 1886 — prix o, 5o, envoi franco-poste.

II — De la saponification des peintures sur les plâtres.

Lorsqu'une construction est achevée, que les enduits extérieurs paraissent secs, l'architecte ordonne une peinture générale à deux ou trois couches.

La peinture à l'huile est celle qui est le plus souvent employée, elle est d'un bon effet pendant quelques mois, puis tout à coup, quelques taches rouges s'aperçoivent comme des points lumineux. Ces taches dont le cercle va en grandissant deviennent violettes, et virent sur le bleu en passant par toutes les couleurs du prisme solaire ; nous assistons au phénomène de la saponification de la peinture combinée à l'eau saline des plâtres : phénomène qui n'a pas été prévu par l'ordonnateur.

Il arrive souvent que l'architecte ou le propriétaire veulent rendre responsable de ces taches, le peintre qui a inconsciemment employé de la peinture sur ces plâtres encore frais, et ce, sous le prétexte peu plausible que la peinture employée par lui est de mauvaise qualité.

Il est à remarquer que ces taches multicolores, laissées en toute liberté, donnent naissance — pour peu que le sol soit humide, ou l'habitation construite dans un jardin ombragé de grands arbres, ou sous une mauvaise orientation — ces taches, disons-nous donnent naissance à des champignons cryptogamiques, qui envahissent l'habitation et la rendent inhabitable.

Ces altérations de la peinture, constatées au début de la transformation colorante proviennent, avons-nous dit, de la combinaison de la peinture avec les sels alcalins des matériaux employés dans la construction ; si la peinture est à base de céruse, ces altérations prennent la teinte rouge oxyde ; si la couleur est mélangée avec les ocres, nous observons une teinte jaune orange ; ces teintes s'ombrent par l'oxygène de l'air et deviennent avec le temps presque bistreuses ; une mousse légère suit la transformation de cette nouvelle teinte et un champignon d'une espèce originale est créé. — En l'époussetant, cette efflorescence reparait de nouveau, plus florissante que jamais, au désespoir du propriétaire

Lorsque le peintre applique sa peinture à l'extérieur, de même qu'à l'intérieur de l'habitation, les plâtres bien que secs à la main, contiennent encore un ferment d'humidité, et fatalement, la décomposition de la peinture doit avoir lieu dans un laps de temps plus ou moins limité.

La peinture bouche les pores des matériaux, et l'oxygène de l'air ne pouvant plus y circuler pour l'assèchement de l'humidité, l'eau saline s'empare des corps oléagineux et forme ce savon métallique observé ci-dessus.

Le remède est facile, cependant, pour annihiler les effets de cette humidité constatée sur les plâtres frais, il suffirait de passer sur la façade extérieure, avant les couches de peintures à l'huile, une couche seulement d'enduit hydrofuge, de la composition duquel serait exclue l'huile de lin. C'est une faible dépense pour le propriétaire, mais aussi l'assurance pour lui, d'habiter un local salubre et de ne plus avoir sous les yeux ces taches dont l'effet est fort disgracieux.

De tous les enduits hydrofuges connus, le *Fréservatif-Léo* de L. Caron, exclut complétement l'huile de lin ou autre, dans sa préparation ou dans son application ; l'essence de térébenthine est le seul liquide employé, par cela même qu'elle s'évapore facilement et ne laisse aucune trace nuisible aux résultats que l'on veut obtenir.

III — De la capillarité ascendante.

La capillarité se dit de l'ensemble des phénomènes capillaires ou de la cause qui les produit.

La capillarité est un résultat des attractions moléculaires qui s'exercent, soit entre les particules d'un même corps liquide ou solide, soit entre les particules d'un solide et d'un liquide, elle est liée à la forme que prend la surface terminale du liquide dans les interstices où il pénètre.

Les lois de la capillarité, dans leurs rapports avec la courbure de la surface terminale du liquide, restent les mêmes, que la capillarité soit ascendante ou descendante.

La hauteur à laquelle s'élève le liquide, est indépendante de la nature de la substance mouillée, elle ne·dépend que de la nature de l'état hydrométrique du liquide, et aussi de la forme et des dimensions de la surface du liquide soulevée dans l'interstice capillaire.

La capillarité intervient dans un grand nombre de phénomènes naturels d'ordre physique ou physiologique. — Dans un corps poreux mouillé par un liquide, la pénétration par voie de capillarité est prompte, mais peu profonde en hauteur verticale, quand les pores sont largement ouverts. La force ascensionnelle est alors très réduite, mais la résistance au mouvement intersticiel est également faible, en sorte que le mouvement ascensionnel est relativement rapide jusque vers sa hauteur limite. A mesure que les pores deviennent plus fins, la force du liquide se ralentit, mais avec le temps, il peut acquérir une plus grande hauteur.

Les alcarazas et les filtres en pierres poreuses, peuvent servir d'exemple, au phénomène ci-dessus de la *capillarité ascendante*.

La dessiccation d'un corps poreux et mouillé, est soumise exactement aux mêmes lois que son imbibition, sauf qu'il faut en plus, faire intervenir, la vaporisation plus ou moins prompte du liquide, quand il est réuni en masse au contact de l'air, en dehors des corps poreux.

Quand nous constatons de l'humidité à l'intérieur de nos habitations, quand nous voyons se produire, à la surface des murs, des efflorescences sodiques et salpêtrées, nous assistons à un des nombreux phénomènes de capillarité, assez puissante pour décomposer, pour désagréger les matériaux.

C'est pour arrêter le mouvement ascensionnel de cette force capillaire, qu'il faut imperméabiliser en quelque sorte les corps poreux, par l'obturation complète au moyen d'enduits appropriés — les *enduits hydrofuges*.

IV — De la buée ou capillarité descendante.

L'humidité intérieure que nous constatons pendant l'hiver, en assistant à une véritable inondation sur nos parquets, nos tentures ou nos fenêtres, cette buée chaude qui découle sur nos murailles peintes, en laissant des traces après son assèchement, cette imbibition générale sur tous les objets polis ou brillants de notre appartement, le rend inhabitable pendant quelques mois.

Nos tentures sont mouillées, nos parquets sont tachés, les papiers se détachent du mur sur lequel ils sont juxtaposés, les peintures elles-mêmes se salissent !

Comment obvier à ce désagrément de voir se dégrader les choses auxquelles nous tenons ?

Non seulement ce phénomène physique est fort ennuyeux pour les personnes qui le subissent, mais encore cet atmosphère humide, condensé, est on ne peut plus malsain et, le plus grand inconvénient que l'on observe à cet état de choses, c'est assurément celui d'altérer la santé des habitants.

L'hygiène nous ordonne de suivre la température pour nous bien porter, et, lorsque l'hiver approche, notre devoir est tout naturellement de chauffer les appartements. Mais la saison automnale nous apporte des pluies continuelles, des brouillards épais, des changements brusques de température, dont nous ne nous méfions pas suffisamment.

C'est alors, que nous croyons être garantis contre l'humidité de l'extérieur, par une bonne et douce chaleur dans l'intérieur de nos appartements, que nous voyons nos murs suinter de petites bulles d'eau d'abord, lesquelles prennent ensuite un si grand développement que rien ne peut arrêter leur marche envahissante jusqu'à terre, après avoir souillé tous les objets qui ont été touchés par ce véritable fléau.

C'est quelquefois aussi, dans un local qui a été préalablement enduit d'un hydrofuge quelconque, devant préserver les murs de l'humidité, que nous voyons se produire cette condensation, au grand effroi des locataires qui s'en croyaient préservés par cette seule application.

Les papiers, principalement, se tachent par place, se décollent, et quelquefois, entraînés par leur propre poids, retombent en avant.

C'est là le principal objet de nos soins, car sur les peintures, un lavage à l'eau leur rendra leur lustre ou leur fraîcheur de ton, altérés momentanément. Nous supposons donc, que les murs atteints d'humidité, ont été enduits intérieurement, de deux couches de *Préservatif - Léo,* — cette application a eu pour résultat, certes, de préserver, d'annihiler les traces et les ferments d'humidité que contenait le mur avant cette opération. L'assainissement est complet, oui, si nous peignons à l'huile par-dessus cet enduit sous-jacent. Mais si, au contraire, nous devons, pour satisfaire les exigences d'une décoration intérieure, recouvrir cet enduit d'un papier, qui sera juxtaposé au moyen de la colle de farine (colle de pâte) le peintre doit, afin d'obvier aux inconvénients de la buée, et afin surtout, de faciliter l'adhérence des tentures, enlever le brillant obtenu par la couche d'enduit.

Ce travail est simple en réalité, mais le peintre qui oublie cette recommandation voit son papier défraîchi par la condensation humide dans les appartements chauffés et, ne voulant pas avoir tort, il rejette sur l'hydrofuge, les effets de l'humidité, qu'il constate sur les papiers recouvrant les murs enduits d'hydrofuge.

Cependant, il est à remarquer que la buée ne fait son apparition, et par conséquent ses dégâts, que sur des surfaces froides ou brillantes ; au contraire, les peintures mates ou à la colle sont indemnes de saturation humide.

C'est, en nous basant sur ce principe établi par la pratique, que nous recommandons aux peintres de passer sur l'enduit hydrofuge, avant la juxtaposition des papiers et pour prévenir leur mouillage ou leur décollement, par suite d'imbibition amenée par la buée ou vapeurs d'eau, que nous leur conseillons une des préparations suivantes :

1° Un encollage léger fait avec colle de peau et blanc de Meudon.

2° Eau salie par une matière argileuse.

3° Essence de térébenthine, employée légèrement avec un pinceau ou un chiffon.

4° Ail frotté sur l'enduit.

5° Peinture mate à l'huile mêlée d'essence.

On peut également faire emploi de la glycérine sur les vitres ou toutes surfaces polies pour les conserver intactes, sans altération par la buée ou vapeurs humides condensées.

Nous répétons ce que nous avons déjà dit; mais, pour se garantir de l'humidité intérieure, il convient de compléter le travail d'assainissement par l'enduit hydrofuge en faisant emploi de l'un des moyens précités, et si, malgré cette précaution, les papiers se mouillent à nouveau, par suite d'une trop grande condensation ou de toute autre cause imprévue, il n'y a pas à se préoccuper plus longtemps de cet accident qui disparaîtra avec le premier rayon de soleil printanier.

Il convient cependant d'aérer de temps à autre la pièce chauffée, pour renouveler la somme d'oxygène nécessaire à la santé et détruire les germes de la buée.

De même, dans certains établissements parisiens ornés de glaces aux lieu et place de tenture, si le cadre qui sert de réceptacle à la glace est à jour par en haut, il convient de créer un écoulement de la buée, laquelle glissant derrière la glace étamée et n'y séjournant pas, ne peut altérer l'étamage.

Pour conserver et préserver le dit étamage, nous conseillons au peintre de coucher le mur contre lequel la glace est juxtaposée avec du *Préservatif-Léo* de L. Caron, d'éloigner le cadre de quelques centimètres du mur et de boucher hermétiquement la partie supérieure du cadre; de cette façon, la buée ne saurait pénétrer dans l'espace libre du cadre. Mais autrement, et malgré la précaution d'un hydrofuge, la buée glissant par-dessus, envahirait bientôt les parties inférieures pour faire ses ravages habituels.

Nous n'en parlons du reste, que pour répondre à une question posée par un de nos lecteurs, qui avait, en outre de deux couches de *Préservatif-Léo*, appliqué une feuille de papier d'étain sur l'enduit et sur l'étamage des glaces altéré par place et principalement dans la partie inférieure du cadre où tout naturellement la buée, n'ayant pas d'écoulement, restait prisonnière.

Nous lui avons donné le conseil de fermer le vide qui existait en haut de ses cadres, près du plafond, et qu'il avait laissé tout exprès à son avis, pour amener une aération continuelle, qui n'existait pas, puisqu'il avait omis d'établir un courant d'air opposé. Nous avons constaté que notre conseil a eu de bons résultats.

Les peintres et presque tous ceux qui remarquent l'existence de l'humidité intérieure amenée par l'air chauffé, croient que la couche d'hydrofuge appliquée contre la muraille infestée d'humidité saline ne sert à rien, puisqu'elle n'obvie point à cet inconvénient; nous ne pouvons que leur répéter ce que nous avons cependant affirmé ailleurs : que l'humidité saline monte et envahit les surfaces supérieures par capillarité ascendante, tandis que la buée est un phénomène de la capillarité descendante.

V — Procédés et remèdes.

On obvie aux inconvénients occasionnés par l'humidité, par l'aération, les canaux d'irrigation dans les terrains glaiseux, l'isolement par des cloisons, surélévation du sol et par des *enduits hydrofuges* parfaitement appropriés.

Parmi les remèdes apportés aux inconvénients de l'humidité, nous avons les papiers que l'on juxtapose par collage, enduit ou clouage.

Le système qui a été en vigueur pendant longtemps, lorsque les enduits appropriés étaient inconnus du praticien ou de l'architecte, est sans contredit le *papier de plomb* ou *doublé d'étain*.

Ce papier est vendu par les fabricants de capsules en étain pour le bouchage des bouteilles, mais on le trouve chez les marchands de couleurs, qui leur servent d'intermédiaires pour la vente et détail. Le papier est en feuilles minces de 1 m. sur 50 c., elles sont réunies en un rouleau de 8 m. sur 50 c., dont le poids est de 1 kilo environ. Ce rouleau coûte 4 francs et le prix varie suivant le cours de l'étain.

Il est composé d'étain pur et quelquefois combiné à une partie de plomb, le tout fondu, coulé et frappé.

Le travail mécanique n'étant point de notre compétence, nous nous occuperons seulement du travail d'assainissement opéré par son application.

Le papier de plomb ou d'étain, qui est appelé aussi *papier métallique*, s'applique de préférence sous les tentures pour les préserver de l'humidité. Voici comment le peintre doit procéder : après avoir donné, sur la partie du mur qu'il doit recouvrir, une première couche de peinture qu'il laisse bien sécher, il fait ensuite un enduit composé de céruse à l'huile et de minium, qu'il passe sur le papier et qu'il applique sur le fond préalable.

On exécute comme pour un papier peint ordinaire, cependant on lisse le papier avec un couteau de bois, pour faciliter l'adhérence de l'enduit et éviter les boursouflures.

Une fois bien tendu et l'enduit bien sec, le papier de tenture peut être à son tour juxtaposé.

Quelques peintres nous assurent qu'ils ont appliqué le papier métallique sur une couche de *Préservatif-Léo*, sans couche de fond, et qu'ils ont parfaitement réussi à le fixer sur le mur avec moins de mal que par l'application ordinaire.

Dans ce cas, il faut que la couche de *Préservatif-Léo* soit donnée grassement et la juxtaposition doit avoir lieu immédiatement, en le tamponnant avec un linge ; de même l'opérateur doit éviter les grandes surfaces, car l'enduit-Léo, séchant rapidement, il serait obligé de donner une seconde couche.

VI — Des enduits asphaltiques, goudrons, etc.

L'asphalte est une substance bitumeuse, d'une nature liquide ou épaisse, d'une saveur désagréable ; sa couleur est brunâtre, presque noire.

On comprend sous cette dénomination : 1° Le *bitume de Judée* qui provient de la mer Morte ou mer Asphaltique et le *bitume d'Amérique* qui nous vient du lac de Poix, aux Antilles. Cette sorte d'asphalte surnage sur les eaux et durcit à l'air ; elle devient alors friable, cassante ; elle est rendue malléable par une addition de corps gras ou de térébenthine.

2° Le calcaire imprégné naturellement de bitume dont l'exploitation a lieu à la poudre, comme pour les moellons du bassin de Paris.

Les mines d'exploitation les plus connues de cet asphalte, sont celles de Seissel (Ain) et de Val de Travers (Suisse) qui ont leur administration à Paris. Ce bitume est généralement employé dans les travaux publics, dans les jointoiemens, sous les lambourdes de parquets, dans les carrelages d'écuries, etc., etc.

3° Le goudron provenant de la distillation des pins maritimes ou des sapins du Nord, ne pouvant plus servir à la récolte des résineux ; la matière noirâtre qui en découle prend le nom de *goudron végétal* et celle plus épaisse presque dure, ayant quelque analogie avec le bitume est appelée *Brai* ou poix noire.

Le premier est fort employé dans la marine et dans les travaux d'enfouissement, pour la préservation des bois devant séjourner sous terre ou dans l'eau ; la seconde matière employée à chaud sert à étancher les planchers des constructions navales, à arrêter les fuites des récipients devant contenir de l'eau, à empêcher l'oxydation des réservoirs en tôle, etc.

Le *mastic* dit de *Machabée*, qui prend bien à tort le titre d'enduit hydrofuge, n'a pas d'autre but que d'étancher les parois des réservoirs, sous une couche épaisse de ce produit. — Nous en dirons autant de l'*Enduit Bernard* ou nitro-hydrofuge qui est employé dans la construction comme un béton hydraulique dans les chappes de voûtes, les fondations, etc. Ces produits sont coûteux et ne sont pas d'un usage bien répandu jusqu'ici.

4° Le *goudron minéral* ou autrement dit *goudron de gaz* provient de la distillation de la houille dans les usines à gaz ; il est noir, épais, brillant, d'une saveur forte et désagréable ; il s'emploie après l'avoir chauffé préalablement. Il est fort en usage dans nos départements du Nord, où l'on peut voir dans certaines villes proches de la mer, les extérieurs des maisons peints à un mètre du sol, d'une couleur noire, craquelée sous l'action du soleil et dont l'effet est loin de satisfaire la vue. Cette application est peu coûteuse (le goudron ayant une valeur de 10 à 12 francs les 100 kilos et quelquefois ne coûtant rien) mais elle n'empêche nullement la capillarité humide de s'élever dans les parties hautes de l'habitation et d'y faire ses ravages habituels.

L'emploi le plus utile, qui serait à faire du goudron provenant du gaz ou de bois résineux, serait, à notre avis, la préservation du fer ou du bois, dans les hangars, docks, barrières, maisons rustiques, etc., mais ces dérivés ne sauraient être utilisés dans la peinture pour neutraliser les effets de l'humidité, étant donnée la difficulté de peindre à l'huile sans voir se détériorer la décoration ou les tentures qui seraient juxtaposées sur ces enduits.

5° Le *Brai minéral* provenant de la distillation des goudrons a donné naissance à un *vernis minéral* par une addition d'huile lourde de houille et d'essence légère de même nature ; ce vernis minéral a sur les goudrons l'avantage incontestable de sécher plus rapidement. L'*Enduit universel* n'est pas autre chose qu'un vernis noir à base minérale dont l'application sur bois ou fer a pour résultat de préserver ceux-ci ou ceux-là, de la pourriture ou de l'oxydation ; il n'arrête qu'imparfaitement l'action capillaire et de même que pour les goudrons, la peinture mise en présence de cet enduit se décompose immédiatement. L'*Enduit Moller* a la même base de fabrication ; les praticiens doivent éviter l'emploi de tous enduits provenant de la houille ou de ses dérivés.

Depuis quelque temps, on a donné au vernis à base de houille une teinte rouge foncée, en le combinant avec du minium de fer (oxyde ferreux) ; les entrepreneurs emploient cette peinture métallique pour empêcher l'oxydation des fers, combles, charpentes, châssis, aux lieu et place de la peinture au minium de plomb (oxyde de plomb), mais nous avons la certitude que cette peinture à bon marché est loin de donner les mêmes résultats de préservation. — Nous n'en parlons, du reste, que pour faire suite aux enduits à base de houille.

6° *Les cartons bitumés* qui sont employés quelquefois comme moyen préventif, sont des papiers fabriqués avec des cordages ayant servi dans la marine et rejetés comme hors de service ; ils sont trempés à plusieurs reprises dans du goudron minéral en ébullition et séchés. Ces cartons, dont on essaie l'usage pour tapisser les murs imprégnés d'humidité, se vendent en rouleaux de 12 mètres sur 70 à 100 centimètres de largeur, au prix de 1 franc le mètre carré.

Ils sont fabriqués tout spécialement en vue de recouvrir momentanément des hangars, magasins, etc., et les architectes qui ont ordonné leur emploi contre l'humidité ne se sont pas rendu bien exactement compte de la difficulté de juxtaposition et de la négative des résultats obtenus.

7° *Les feutres* imprégnés de houille appliqués sous les tentures, ne sauraient avoir plus de succès que ces derniers et ne peuvent remédier davantage à la neutralisation de l'humidité, ou plutôt à la désastreuse influence qu'elle exerce sur les peintures ou tentures dans les locaux insalubres.

Dans cette catégorie, peuvent être classés les papiers dits *Imperméables ou préservateurs* importés par une compagnie américaine.

VII — Du séchage par l'air chaud.

Un système admis par quelques architectes pour le séchage des plâtres dans les maisons neuves, est celui du séchage par l'air chaud (Système Ligny ou autres).

Le *séchage par l'air chaud* ne peut avoir de facilité, nous allions dire de nécessité, que dans les constructions neuves, non habitées, car ce procédé demande à avoir ses aises pour l'opération en question.

Après avoir chauffé, surchauffé les plâtres, a-t-on retiré l'humidité des plâtres frais ? Il est possible que l'épiderme des plâtres soit sec, mais le remède, selon nous, est pire que le mal ! Les plâtres surchauffés par une action de calorique factice, se désagrègent, se fendillent, les pierres sont atteintes de cette imbibition de vapeur humide et s'en ressentent à un moment donné.

Sans trop en dire de mal, permettez-nous de vous dire, que le procédé n'est pas à portée de tout le monde et que la dépense en est grande.

VIII — Des enduits hydrofuges.

Les *enduits* ou peintures hydrofuges sont les procédés d'assainissement les plus faciles et, par conséquent, à la portée de tout le monde.

Il ne faut pas s'étonner si les chercheurs, et ils sont nombreux, ont mis à contribution toutes les ressources encyclopédiques pour trouver le *desideratum* des enduits.

Il n'est point de matières qui n'aient fourni leur contingent à l'invention de ces procédés : pierres, grès, coquilles d'huîtres, verre pilé, soufre, silex, ponce, ciment, chaux, fer, plomb, manganèse, etc., tout y a passé ! — On a fait des mélanges indescriptibles avec des huiles cuites combinées à de la cire, des résines, de la poix, etc.

Parmi les procédés mis en avant pour combattre efficacement

l'humidité des murs, le plus ancien est celui qui a été employé dans la coupole du Panthéon. Nous voulons parler de l'enduit de MM. Darcet et Thénard, considéré alors comme le meilleur des hydrofuges, lequel a servi de fond aux peintures murales du célèbre M. Gros.

Il se composait de :

1° *Cire jaune*, *huile de lin cuite*, *litharge fine*, le tout fondu ensemble de façon à former une matière grasse, épaisse, qui était ensuite appliquée de la manière suivante :

Les matériaux devaient être préalablement grattés à vif, puis chauffés à l'aide d'un réchaud à charbon, — l'opération devait être faite par petites parties d'un mètre au plus — l'enduit hydrofuge maintenu à une température de 60° était couché ensuite au moyen de fortes brosses. La première couche absorbée par la pierre, on procédait à une nouvelle opération en chauffant de nouveau, et on continuait jusqu'à ce que la pierre refusât l'absorption de la peinture hydrofuge ; une couche à la céruse recouvrait le tout.

Il n'y a pas à se le dissimuler, cet enduit hydrofuge a été celui que nos pères ont employé, et il a eu un réel succès, pour cette époque où la main-d'œuvre était pour rien. Le procédé était, en outre, coûteux ; c'est aussi la cause de son rejet des travaux d'assainissement.

Il avait aussi le défaut d'être préparé avec de l'huile de lin, que l'on cuisait il est vrai, mais qui conservait ses principes oléagineux ; les parties sur lesquelles il a été appliqué étaient élevées, par conséquent ne contenaient que des ferments d'humidité imperceptibles, puisque les peintures se sont conservées jusqu'à nos jours.

2° Nous avons ensuite les *enduits de Rœole*, plus connus sous la dénomination T. B., employés au couteau sur les murs humides et nécessitant, après leur emploi, un ponçage pour offrir une surface polie aux couches de peinture qui doivent leur succéder.

Ces enduits sont composés d'oxyde de zinc, de peroxyde de fer, de silice, charbon, manganèse, etc., le mélange est fait avec de l'huile de lin et de l'essence de térébenthine pour l'emploi à la brosse.

Ils peuvent être colorés suivant le besoin et nous croyons que s'ils sont encore employés par quelques architectes, c'est beaucoup à cause de leur ancienneté et de leur prix peu élevé comme règlement ; mais selon nous, ils réussissent mieux sur métaux que sur matériaux : ils préservent de la rouille plutôt que de l'humidité.

3° Viennent ensuite les ciments anti-nitreux de *Candelot.* Ceux-là n'ont obtenu leur succès, que parce qu'ils étaient à côté des autres plus faciles à l'application et que le peintre de même que l'architecte aiment l'ouvrage qui est enlevé.

Mais le peintre étant réglé par l'architecte, suivant le prix de série, où est son bénéfice après avoir employé ces enduits ?

4° Après avoir passé en revue les procédés et moyens de remédier aux désagréments de l'humidité, nous nous arrèterons sur les *Enduits hydrofuges* de L. Caron qui réunissent, à eux seuls, les éléments qui constituent le *meilleur hydrofuge*, d'un emploi facile au pinceau, d'un prix modéré et d'une efficacité incontestable.

Assainir l'habitation de l'homme, combattre l'humidité, sécher les plâtres frais, neutraliser les effets, sinon la cause de la salpêtration dans les constructions anciennes, faciliter l'adhérence de la peinture à l'huile sur les ciments et mortiers de chaux, etc. Tel est le problème résolu par l'application bien appropriée des **Enduits-peintures hydrofuges de L. Caron** dont la création remonte à 1871. Ces enduits sont de plusieurs sortes et ont différentes applications .

1° *Le Préservatif-Léo* qui est de couleur grise ; il est considéré par les praticiens comme le *meilleur hydrofuge* applicable à froid, au pinceau, sur plâtres neufs ou vieux, pierres, grès, briques ; sous papiers, carton ou toile ; contre boiseries, plinthes ou lambris. Appliqué à deux couches (dans la même journée), il forme sur les matériaux saturés d'humidité ou salpêtrés, une couche artificielle d'ardoise, insoluble à l'eau et inaltérable aux émanations ammoniacales. Contrairement à beaucoup de produits similaires, il ne contient aucun principe oléagineux, et l'essence de térébenthine est le seul véhicule employé dans sa préparation.

2° *L'Enduit émail* est de couleur blanche et remplace dans certains cas l'Enduit-Léo, notamment dans les parties de murs élevées, plafonds, corniches, plâtres frais, etc. Il peut être teinté avec couleurs préalablement infusées à l'essence, et forme à trois couches une peinture émaillée, excellente pour salles de bains, cabinets, vestibules, etc.

3° *Le Gris-Léo* qui est une poudre hydrofuge servant à la confection d'un mastic avec huile de lin, pour reboucher, par dessus l'Enduit-Léo, les creux formés par le grattage à vif.

4° *Le Liquide Caron* ou gluco-métallique est un produit chimique neutralisateur des sels calcaires (Salpêtration) et *rendant seul possible*, sans altérer, la *peinture à l'huile sur tous les ciments* et mortiers de chaux.

5° *L'enduit préservateur* est un liquide presque transparent; il est préparé spécialement pour imperméabiliser les pierres tendres, briques, boiseries et tous matériaux exposés aux intempéries et vents d'ouest.

Les *Enduits hydrofuges de L. Caron* ont obenu depuis 1871 plus de vingt médailles d'or, argent et bronze, ainsi que six diplômes d'honneur. — Nous les retrouverons à l'exposition universelle de 1889 dans les classes 45 et 63.

Ils sont adoptés par la Société centrale des architectes de France dans la série des prix 1887 (partie de la peinture).

IX   **Prix courant et règlement de travaux des enduits hydrofuges de L. Caron**

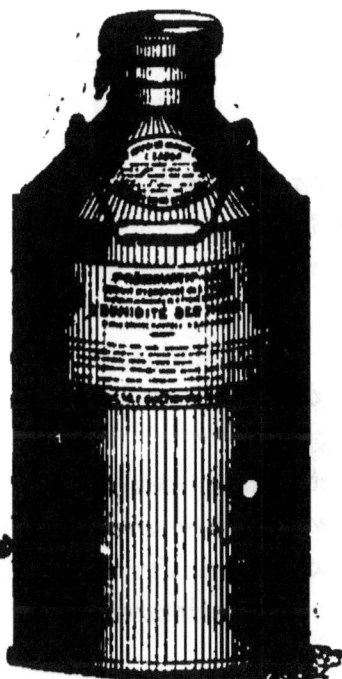

	le kilo	0/0 kilo
N° 1. — **PRÉSERVATIF-LÉO** (gris). Sèche en 30 minutes, il s'emploie à froid au pinceau.		
Livré en boîtes ou bidons fermés à vis de la contenance de 1, 2, 6 et 12 kil. 1/2 et au dessus. 1 kilo suffit pour 4 mètres 2 couches.	3 »	250
N° 2. — **ENDUIT-ÉMAIL** (blanc) pouvant être teinté avec couleurs.	2 50	200
N° 3. — **GRIS-LÉO** poudre grise spéciale pour enduire au couteau. — Livré en paquets de 1 kilo par 6, 12, 25, et au dessus.	1 25	100
N° 4. — **LIQUIDE CARON** (gluco-métallique) spécial pour l'adhérence de la *Peinture à l'huile sur les ciments* ; il convient à la neutralisation du salpêtre. Il est livré en bouteilles de 3 à 60 kilos (non logé).	1 50	125
N° 5. — **ENDUIT PRÉSERVATEUR** (transparent). Spécial pour briques, façades et matériaux tendres. Il est livré en bidons de 5, 10 et 25 litres. Le litre.	3 »	250

RÈGLEMENT $\left\{\begin{array}{l}\text{Enduits N}^{os}\text{ 1, 2 et 5.}\\ \text{Le mètre, la 1}^{re}\text{ couche 0.60, — suivantes 0.50.}\\ \text{Enduit N° 4 }(Liquide\ Caron).\\ \text{Le mètre, la 1}^{re}\text{ couche 0.30, — suivantes 0.25.}\end{array}\right.$

X — Applications des enduits de L. Caron.

1° Sur plâtres frais ou neufs : 2 couches de *Préservatif-Léo* pour les frises, ou 2 couches d'*Enduit-Émail* pour parties de murs élevées, plafonds, corniches, etc.

2° Sur murs humides ou vieux plâtres : 2 à 3 couches de *Préservatif-Léo* suffisent pour assécher complètement toutes saturations d'humidité.

3° Contre la salpêtration : gratter les efflorescences, épousseter, lessiver à 2 couches avec *Liquide Caron*, ensuite deux couches de *Préservatif-Léo*, puis reboucher les creux formés par le grattage avec enduit-mastic fait avec *Gris-Léo* et huile de lin.

On peut employer aussi le *Liquide Caron*, comme enduit sous-jacent et par dessus faire emploi du *Lithochrome* sous forme de ciment mélangé avec notre poudre similipierre.

4° Contre boiseries, plinthes, lambris : une couche de *Préservatif-Léo* contre la boiserie et 2 couches sur le mur duquel on juxtapose.

5° Sous papiers : 2 couches de *Préservatif-Léo* sur le mur ; dégraisser l'enduit avec un chiffon imbibé d'essence, pour faciliter l'adhérence des papiers et éviter la buée intérieure des appartements chauffés.

6° Sous glaces : 2 couches contre le mur humide, et une couche contre le parquet de la glace, afin d'éviter le soulèvement de l'étamage ou son altération.

7° Sur façades extérieures : sur briques et pierres tendres exposées à la pluie, une ou deux couches de l'*Enduit préservateur* (nouveau) — sur plâtres devant être peints : 2 couches de *Préservatif-Léo* suffisent pour empêcher la saponification des peintures et les moisissures.

8° Application à l'intérieur : les enduits *Préservatif-Léo* et *Enduit-Email* peuvent servir de dernière couche dans les salles de bains, cuisines, cabinets d'aisances, etc., mais à l'*extérieur*, ils doivent toujours être recouverts d'une peinture à l'huile.

Il faut toujours dépasser de 15 à 30 centimètres la ligne de saturation, afin de concentrer l'humidité.

9° Sur ciments, mortiers : 3 couches de *Liquide Caron* suffisent pour *faciliter la peinture à l'huile*, mais il faut qu'ils soient absolument secs (2 à 3 mois suivant la prise lente ou rapide du mortier) ; on peut également compléter, avec *Préservatif-Léo* (1 ou 2 couches).

N. B. — Les enduits *Préservatif-Léo* et *Email* s'éclaircissent avec un peu d'essence de térébenthine, en cas d'épaississement — jamais d'huile et bien remuer avant l'emploi.

CHAPITRE V

I — De la peinture à l'huile.

C'est le peintre en bâtiment qui est chargé de préparer ses *fonds*, destinés à recevoir la *couche d'impression* ; plus tard, quand son travail est terminé il laisse la place à des ouvriers spécialistes qui achèvent, en quelque sorte, l'ouvrage commencé par le peintre : ce sont les enduiseurs, polisseurs, peintre en décor, peintre de lettres ou d'attributs, peintre fileur, etc.

Nous avons dit précédemment que la teinte pour une première couche, devait être tenue un peu plus corsée, plutôt maigre que grasse ; la peinture doit être préparée au moment de l'emploi. Si elle est peu graisseuse ou contient des peaux, il faut y ajouter un peu d'essence et la passer dans une passoire ou tamis, dont nous avons donné le dessin page 22.

Pour la première couche, la peinture n'a pas besoin d'être dans le ton, cependant nous conseillerons de préparer la teinte, grise ou ocreuse, en forçant un peu en siccatif. Les plâtres doivent être préalablement nettoyés, grattés, époussetés ; les boiseries poncées et passées au papier de verre : c'est ce qu'on appelle les travaux préparatoires.

II — Les travaux préparatoires.

L'*égrenage* consiste à enlever avec le couteau à reboucher les plâtres qui sont adhérents aux boiseries et objets à peindre ; l'*époussetage* consiste à enlever la poussière provenant de l'opération précédente, on se sert pour cela du balai dit à épous-seter (fig. 35).

Les *nœuds* sur les bois de sapins sont souvent un arrêt dans le travail, on y obvie par une couche de vernis gommelaque un peu corsé, qui est appelé aussi vernis à nœuds.

Les *ferrures* sont passés au minium pour empêcher la rouille de traverser la peinture.

Afin d'éviter les coulures et l'engorgement des moulures, il convient de prendre par petite quantité la teinte dans le camion, de l'étendre également en s'appliquant à ne pas faire de manques de touches, et d'atteindre bien les retraits.

Pour les *réchampissages*, on se sert de brosses dites de pouce, celles un peu usées sont préférables.

Lorsque la première couche est bien sèche et avant d'appliquer la suivante, on procède au *ponçage*; cette opération a pour but d'enlever les grains et les aspérités sur les boiseries ; on se sert du papier verré que l'on coupe en petites parties pour l'usage ou bien encore de la ponce en poudre, légèrement humectée, puis on s'occupe du *rebouchage* qui consiste à reboucher les creux et les interstices avec du mastic à l'huile, lequel est teinté avec un peu de couleur dans le ton, afin d'éviter toutes traces de masticage à la couche suivante.

On supplée au rebouchage par un *enduit* que l'on prépare avec céruse et blanc de Meudon sous forme de mastic et auquel on mêle un peu de siccatif en poudre ; cet enduit s'emploie au couteau dit à enduire (fig. 36). Les moulures se font au couteau à champ, l'enduit, étant bien sec, est poncé à l'eau et l'on polit avec la peau blanche.

Le *ratissage* est une sorte d'enduit moins épais que l'on étend à la brosse, il donne aux surfaces planes du brillant et de la dureté; son emploi remplace une couche de fond et les travaux prépara-toires : un chiffonage lorsqu'il est sec et on peut appliquer la seconde couche.

Lorsqu'on veut peindre sur anciennes peintures, il faut tou

d'abord gratter les aspérités et lessiver avec l'eau seconde (potasse étendue d'eau).

Pour les devantures ou portes cochères on fai. usage du brûlage à la lampe à l'alcool ou au gaz, ou bien encore du *mordant ronge-peinture*, en opérant comme suit : empâter les boiseries en couchant fortement avec un pinceau (brosse en tampico), laisser de 6 à 8 heures la vieille peinture aux prises avec cet enduit, puis avec le grattoir et la brosse de chiendent, frotter vigoureusement et enlever. — Ensuite et pour finir, laver à grandes eaux et dans la dernière eau pour rincer, ajouter un peu de vinaigre, acide oxalique ou vitriol. — La devanture ou la porte cochère ainsi préparées reçoivent la première couche et les apprets qui suivent celle-ci.

Sur les surfaces spongieuses et bois tendres, on évite l'absorption des liquides par un *encollage* fait avec colle de peau tiède, étendue de son volume d'eau, cu bien encore avec une partie de colle soluble dite *Economique* additionnée d'une quantité égale d'eau froide. Quelques peintres remplacent cette opération par un liquide à base de savon appelé *huile factice* et même huile hydro-fuge. — Nous sommes pour notre part contre l'emploi de pareils procédés, qui sont, peut-être, un profit illicite pour le peintre qui en fait usage au détriment de la solidité de la peinture ; c'est surtout dans les ravalements qu'ils sont employés, et cependant, si le peintre faisait sérieusement son prix de revient, il se refuserait à employer une marchandise qui n'est avantageuse, en réalité, que pour le marchand qui la fabrique et la lui vend, souvent, au de là de sa valeur.

Les *raccordements* exigent une grande attention, en raison des difficultés que doit surmonter le peintre ; il faut de sa part une certaine habitude de l'amalgame des couleurs et des modifications amenées par le temps.

Le raccord ne doit pas avoir la même fraicheur, mais au contraire, être un peu terni pour ne pas laisser de trace, même, long-temps après son exécution.

Lorsqu'on raccorde sur bois ou plâtre neuf, il faut donner le nombre de couches nécessaires pour arriver au ton.

Lorsque c'est par économie, qu'on repeint les parties altérées ou salies, il faut préalablement lessiver avec eau de potasse étendue d'eau et laver les parties anciennes pour bien en connaître le ton. — La teinte étant préparée, il faut pour la comparer avec l'ancienne, en appliquer sur une petite surface et attendre la complète dessiccation, pour observer à ce qui lui manque, afin d'être parfaitement en harmonie avec la vieille peinture.

III — Emploi des peintures.

La peinture à l'huile s'emploie généralement sur bois ou murs neufs à trois couches; c'est entre la première et la seconde couche qu'a lieu le travail préparatoire, dont il est question ci-dessus; il ne faut jamais donner une couche sur l'autre, lorsqu'elle n'est pas suffisamment sèche. Certaines couleurs étant plus siccatives, comme les céruses, terres d'ombre et bruns Van-Dyck, durcissent vite, tandis que les ocres, les mexico, le minium de fer et les noirs ont besoin d'être un peu forcés en siccatif, surtout dans la première couche. Lorsqu'il n'est donné qu'une seule couche sur des vieux fonds, on doit tenir la teinte plus forte et autant que possible dans le même ton ou plus foncé. La couche générale doit donner le ton et couvrir suffisamment, autrement une autre couche ou glacis serait nécessaire.

Cette couche générale doit se faire après la sortie du chantier des autres ouvriers du bâtiment, lorsque leurs travaux de réfection et supplémentaires sont achevés et après les deux premières couches appliquées préalablement.

Le peintre doit commencer ses travaux par les parties élevées en évitant les bavures qu'on efface en croisant les coups de brosses et en adoucissant avec la *queue à lisser* (fig. 40).

fig. 40.

Dans les escaliers et notamment sur murailles peintes en tons unis on imite le grain de la pierre au moyen de la *brosse à pocher* (fig. 41).

La teinte doit être tenue un peu épaisse et c'est au moment où la siccativité commence à opérer, que l'on fouette la peinture avec la brosse. — En séchant les grains apparaissent et l'effet en est décoratif.

fig. 41

Les taches de peinture sur les parquets doivent être enlevées de suite avec un peu d'essence et, afin de les éviter autant que possible, il convient de recouvrir le parquet ou les tapisseries de papiers et de chiffons.

Quant à l'*harmonie des tons*, c'est au peintre à s'inspirer des lumières de l'appartement qu'il doit décorer à deux ou trois tons et à suivre les échantillons qu'il aura préalablement soumis à son client.

IV — Du mastic à vitrier.

Le mastic à l'huile est cette pâte molle qui sert à reboucher les trous sur les boiseries ou murs après la première couche de peinture, et dont l'emploi est plus généralisé pour le maintien des vitres dans les feuillures des fenêtres, châssis, etc.

A Paris, le *mastic* est fabriqué par des maisons spéciales, qui le vendent au commerce ou aux peintres. Il est fabriqué au moyen de machines Hermann à gros rouleaux cylindriques, après un malaxage des matières.

La bonne fabrication du mastic dépend de la bonne qualité de l'huile, mais surtout de la quantité qui est employée pour détremper le blanc de Meudon ou de Champagne.

Le meilleur mastic est celui fait manuellement, comme il est encore un usage dans certains ateliers. Si le prix de revient est élevé, quelle différence comme économie dans l'exécution du travail !

Voici comment on le prépare : on prend du blanc de Meudon en poudre bien séché, on en forme un pâté conique ; au milieu, on fait un trou, en ramenant sur les bords et on y met un peu d'huile de lin.

Au moyen d'une spatule en bois, on malaxe et on ajoute de l'huile jusqu'à ce que le blanc mêlé à l'huile constitue un corps homogène ; alors on pétrit avec la main en faisant entrer dans la pâte le plus de blanc possible, l'on roule en boules de 2 à 4 kilos, qui sont mises de côté pour reprendre quelques jours après.

L'huile suintant après un repos de quelques jours, le mastic est repris en main, repétri, en le durcissant avec du blanc de Meudon, puis battu avec une batte en bois dur.

Plus il est battu meilleur il est, et moins d'huile entre dans sa composition. Lorsqu'il est terminé, il est mis en tas, sur la pierre ou dans un baquet.

Il se conserve longtemps, mais pendant la saison d'été, il se forme des pellicules sur l'épiderme du mastic exposé à l'air ; on y obvie en enveloppant le mastic dans une toile mouillée d'eau ou en noyant le mastic, mis dans un baquet, sous une couche légère d'eau qui intercepte l'air.

V — Le minium sur les bois neufs.

Depuis quelques années, les architectes ont pris l'habitude d'ordonner aux peintres de coucher sur les bois neufs, croisées, persiennes, portes ou charpentes, de la peinture rouge au minium de plomb.

Sans vouloir critiquer cette habitude, nous dirons que la peinture au minium s'applique généralement sur les ferrements, tôlerie ou fonte, en vue d'empêcher l'oxydation du métal, et nous ne croyons pas à l'utilité de recouvrir l'épiderme des boiseries de cette peinture préservatrice. Sur les nœuds de sapin, la peinture au minium a sa raison d'être appliquée, cette mixture ayant pour objet d'empêcher le suintement de la résine à certaines époques de l'année et, par conséquent, la conservation des peintures.

Nous croyons plutôt que, dans cette première couche en rouge, l'architecte veut éviter la fraude dans le nombre de couches dont doit être recouverte la boiserie en question. — Ce n'est cependant pas une économie ; car, par-dessus cette couche, le peintre, qui a trois couches de peinture à donner, ne pouvant arriver au blanc pur avec deux couches sur le minium et malgré toute l'épaisseur qu'il donnera à ses couches, une quatrième couche sera nécessaire.

Réduire la fraude est chose utile, car l'architecte qui réclame trois couches au peintre doit être servi loyalement ; mais peindre au minium afin d'empêcher cette fraude d'exister ne saurait être admis dans la pratique.

Cette habitude est tellement invétérée, que nous voyons à la campagne, des menuisiers faire peindre au minium leurs croisées ou portes, avant de les mettre en place..

Changer, du jour au lendemain, les habitudes créées par la routine est chose difficile, nous en avons l'assurance ; mais l'on comprendra peut-être un jour qu'une bonne couche de peinture, dans le ton ou à peu près de la teinte définitive, est préférable à une couche de minium, dont la vue est loin d'être agréable sans être utile à la conservation des boiseries.

VI — Peinture au minium sur ferrures.

Avant de peindre les balcons, grilles, serrures et toutes ferrures on passe une couche de peinture au minium de plomb ou de fer.

Cette opération a pour but d'empêcher la rouille d'altérer la peinture, en préservant les ferrures de l'oxydation.

La peinture au minium de plomb ne se prépare jamais d'avance à cause de sa grande siccativité ; il entre dans sa composition de l'huile de lin et très peu d'essence, et pour éviter le massage du métal dans le camion, on ajoute à la peinture une faible quantité de blanc de Meudon en poudre.

La teinte doit être tenue un peu corsée et les coulures s'effacent en ramenant la brosse de haut en bas.

La peinture au *minium de fer* étant moins siccative, est moins employée ; cependant les constructeurs et charpentiers en fer, en font usage à cause de sa grande assimilation avec le métal et de son bas prix, comparé au minium de plomb.

Pour le préparer, il convient d'ajouter à l'huile de lin et à l'essence une quantité suffisante de siccatif liquide.

Le *gris de zinc* (oxyde de zinc) est aussi excellent pour préserver le fer de la rouille et c'est à tort qu'il est délaissé par le praticien.

CHAPITRE VI

I — Peinture sur ciments et mortiers.

Le ciment est, avec le plâtre, un des matériaux les plus employés dans la construction moderne. Nous ne voulons pas ici, vous faire un cours de fabrication de cette matière, mais l'envisager au point de vue de la peinture sur ciment, considérée jusqu'alors comme difficile. Chaque ciment a des éléments différents, les uns durcissent rapidement, les autres demandent un temps très long pour obtenir une complète dessiccation : c'est ce qu'on appelle *prise lente* et *prise rapide*.

Peindre sur les ciments a été de tous temps une difficulté du métier, et il n'est point de matières qui n'aient été essayées par le praticien pour arriver à ce résultat.

Les essais étaient coûteux et incertains par la raison que le ciment n'était pas étudié ou que l'on voulait peindre avant l'échappement de l'eau-mère, qui se retire d'une façon mathématique de l'enduit ou mortier.

En effet, si une quantité d'eau a servi à la confection du mortier de ciment, celui-ci rejettera en plus ou moins de temps, suivant sa prise lente ou rapide, exactement la même quantité d'eau acidulée ; c'est cette eau qui, attirée à la surface des enduits de ciment par l'oxygène de l'air, se combine avec la peinture, forme cette bouillie indescriptible, qui fait reculer l'architecte sérieux d'ordonner une décoration à l'huile sur le ciment.

La faute, cependant, appartient à l'architecte qui, en donnant des ordres au peintre, ne se rend pas compte de l'état du ciment, et le peintre, en exécutant rapidement les ordres quelquefois exigeants de l'ordonnateur, ne peut être responsable d'une mauvaise exécution bien involontaire.

Le propriétaire, dit-on, est pressé de jouir de son immeuble : cela est possible ! mais avec le ciment il faut attendre *trois* et *même quatre mois*, tandis que sur plâtres, en employant, par exemple, les *Enduits hydrofuges de* L. Caron, on peut peindre immédiatement sans inconvénient.

Cette difficulté de la peinture sur ciment a donné naissance à bon nombre d'inventions. Il y a environ trente ans, une Société d'encouragement promettait un prix à celui qui inventerait un procédé propre à l'exécution de peintures à l'huile sur ciments ou mortiers de chaux.

Sans rechercher les qualités fondamentales des inventions y relatives, ce qui convient à la pratique, c'est la neutralisation, en quelque sorte, des sels calcaires ou potassiques contenus dans les ciments, par suite de l'addition plus ou moins forte d'argiles qu entrent dans leur composition.

Que le ciment soit lisse ou gratté, on ne doit point faire usage des acides qui enlèvent l'épiderme en changeant la nature du ciment ; la surface doit rester dure, compacte, adhérente, résistante, au lieu d'être friable, cassante et perméable.

II — Application du liquide Caron sur ciment neuf ou mortier de chaux.

Le *Liquide Caron* est un produit chimique (glucosé métallique) fabriqué spécialement pour neutraliser les sels calcaires du ciment et faciliter l'adhérence de la peinture à l'huile, en empêchant la saponification des principes oléagineux et la décomposition des peintures.

Pour annihiler complètement les sels de chaux y contenus, *trois couches sont nécessaires*, ar à trois couches il n'est point besoin d'hésiter, et dans ce genre de travail très difficultueux, l'économie revient trop cher pour que l'on s'y arrête, la dépense étant insignifiante en raison du prix peu élevé du *Liquide Caron*. Le ciment doit avoir au moins trois à quatre mois de confection, avant l'application du *Liquide Caron*, l'eau mère doit être rejetée et agir sur des ciments ou mortiers trop frais, c'est risquer de perdre et sa façon et sa marchandise.

Le *Liquide Caron* agit sur les ciments de différentes manières suivant la nature de chacun et de leur composition chimique.

La première couche doit créer une lutte violente avec les éléments calcaires du ciment ; la seconde donne une effervescence moins prononcée, et la troisième est nulle ou presque nulle. Un intervalle doit être laissé entre chaque couche.

III — Application sur ciment vieux.

Généralement l'application du *Liquide Caron* a lieu sur des ciments vierges, mais pour en faciliter l'emploi sur ceux déjà peints ou ayant reçu une préparation quelconque *(encollages, enduits, acides ou vernis)*, nous conseillons de gratter ces préparations ou bien de les lessiver à l'eau de potasse (eau seconde étendue), et de laisser sécher le ciment pendant quelques jours.

Le ciment ainsi préparé recevra trois couches de *Liquide Caron* avant l'emploi de la peinture ou la juxtaposition des papiers de tenture.

La première couche de peinture à l'huile doit être donnée grassement, comme il est d'usage sur des matériaux spongieux.

Pour employer le *Liquide Caron*, se servir d'une brosse dite à lessiver, et pour le dépotage du *Liquide Caron*, faire usage d'un pot de terre de préférence à un camion en tôle. (Comme il est indiqué dans l'étiquette ci-contre.)

IV — Peinture des carreaux et parquets.

Afin d'éviter le frottage dispendieux et journalier sur les *carreaux* de *briques*, dans les *escaliers, couloirs, salles à manger, etc.*, on fait usage d'un siccatif brillant sans frottage à base d'huile, ou d'alcool.

Les couleurs les plus usitées sont :

Le *rouge* (ocre), *jaune* (ocre), *bois* (mélange de jauné, rouge et noir) ou *chêne* (bois foncé). ·

Le meilleur procédé pour la mise en couleur des carreaux est le *chromo-cire* de L. Caron, qui est vendu 1 fr. 50 le kilo par potiches ou bidons à vis de la contenance de 1, 2, 6 kilos, 12 kil. 1/2 (poids brut) et au-dessus ; le peintre peut couvrir une surface de 5 mètres environ à 2 couches.

Cette nouvelle *mise en couleur* (à base d'huile de lin et d'essence) dont ci-contre l'étiquette déposée, a l'avantage de sécher aussi promptement que le *siccatif* à *l'alcool*, d'être plus solide et de conserver un brillant égal à la cire, même sur carreaux humides.

Pour s'en servir : nettoyer préalablement les carreaux, bien remuer le *chromo-cire* avec un bâton, l'étendre également avec un pinceau et le laisser sécher deux à trois heures, avant d'appliquer la seconde couche.

En cas d'épaississement de ce produit, il suffit d'ajouter un peu d'essence de térébenthine pour l'éclaircir.

On entretient en lavant les carreaux, ensuite passer un chiffon imbibé d'huile de lin ou un peu d'encaustique à l'essence, qu'il faudra frotter avec la brosse.

Si les carrelages ou parquets ont été précédemment cirés, il faut les lessiver avant cette mise en couleur, laquelle dans ce cas sécherait lentement et tiendrait aux pieds en marchant dessus.

Sur parquets en sapin, à cause de leur spongiosité, il est préférable de passer une couche de colle de peau tiède, étendue de partie égale d'eau ou bien encore de colle économique, soluble à l'eau froide ; nous recommandons cette opération qui arrête l'absorption du siccatif, et l'empêche de se décoller peu de temps après son application. Cela vaut mieux qu'une couche préalable d'une peinture à l'huile, dont certains peintres font encore emploi.

V — Teintures et encaustiques employées sur parquets et boiseries.

Les parquets neufs de chêne n'ont pas besoin d'être teintés, cependant il arrive quelque fois que le bois étant trop clair est rendu plus foncé par une dissolution de *curcuma* ou terra-mérita ajoutée dans l'encaustique. — On emploie également le *rocou*, la terre d'ombre ou de Cassel qui donnent des teintes foncées tirant sur le vieux chêne.

Les parquets de sapin réclament, eux, une teinte soutenue et une préparation spéciale pour empêcher leur spongiosité de détruire ou d'altérer l'encaustique qui leur donne le brillant. Nous conseillerons de passer sur les parquets la *teinture liquide* (chêne neuf, vieux chêne ou jaune), au prix de 1 franc le litre, — ou bien encore de faire dissoudre une partie de savon noir dans une

partie d'eau et d'en enduire le parquet avant d'encaustiquer ; mais cette opération ne donnant pas la teinture, il n'y a pas lieu de s'en occuper, si la teinture liquide est employée pour donner au parquet la teinte voulue.

Si ce sont de vieux parquets que vous avez à encaustiquer, il convient de les nettoyer et de les gratter à la *paille de fer*, qui les remet à neuf ; puis après un bon coup de balai on passe à l'encaustique ou à la cire fondue.

Tous les peintres, certes, ont une recette pour faire leur encaustique à l'eau, et nous ne mettons pas en doute, que celle-là soit considérée la meilleure par celui qui la possède.

Cependant, pour celui qui ne posséderait pas la formule ou qui voudrait en avoir une plus simple :

Pour faire une bonne encaustique, il faut avoir de la bonne cire, garantie exempte de tout mélange de fécule, stéarine ou résine ; vous le savez aussi bien que nous, sans doute. Eh bien ! admettons que vous possédez de la vraie cire d'abeilles et dans ce cas :

Vous cassez en morceaux menus dans un chaudron,

2 kilog. de cire jaune ;

1 kilog. de savon noir mou ;

0,200 sel de tartre ;

2 litres d'eau de Seine ou de rivière.

Vous mettez sur un feu doux, la cire fond rapidement, vous remuez avec un bâton dans le même sens et au premier bouillon retirez.

Pour voir si votre encaustique est bien faite, laissez en tomber une goutte dans de l'eau, si l'eau devient laiteuse et opale, l'encaustique est bonne à retirer, mais si, au contraire, il y a des grumeaux, laissez encore un peu sur le feu.

L'encaustique retirée du feu, ajoutez 25 litres d'eau et vous aurez une bonne encaustique, d'excellente conservation; pour la teinter en jaune faire dissoudre en même temps 100 gr. de Rocou ou 200 gr. de Curcuma.

Mais si vous ne voulez pas vous donner la peine de fabriquer votre encaustique, nous vous conseillons d'acheter celle connue sous le nom d'*encaustique concentrée à l'eau*, extraite de la cire d'abeilles.

Elle est livrée en boîtes en fer-blanc avec dosage depuis 1, 2, 4, 8 et 15 litres, cela vous revient à 0 fr. 50 c. le litre; elle se fait instantanément avec un peu d'eau bouillante, elle est tout teintée *jaune* ou *chêne* pour parquets neufs ou vieux.

Cette encaustique est aussi bonne que celle ci-dessus et ne vous revient pas plus cher, de plus, elle se conserve. Essayez-en et vous vous en trouverez bien.

L'encaustique à l'eau se passe avec un balai et lorsqu'elle commence à sécher, on frotte au moyen de la brosse spéciale dite à frotter que conduit le pied droit. — L'entretien du parquet se fait avec la cire jaune, que l'on étend avec le bâton à frotter, puis

l'on frotte à la brosse ou à la laine ; on se sert également de frotteuse en fonte que l'on promène au moyen d'un manche, cet outil convient à la ménagère et, son usage est aussi, moins fatiguant.

Si au contraire, vous voulez faire usage de l'*encaustique à l'essence* (cire molle, cire à l'essence) rien n'est plus simple de la préparer en varloppant 500 gr. cire jaune, dans autant d'essence de térébenthine; laisser macérer et gonfler pendant un jour ou deux, ou bien faire dissoudre au bain-marie, en prenant les précautions nécessaires, pour éviter tout accident, jamais à feu nu : cela serait dangereux pour l'opérateur qui serait la première victime de son imprudence. La *cire à l'essence*, ainsi préparée, peut être additionnée d'autant d'essence, pour faciliter son emploi au pinceau, notamment pour les parquets. L'*encaustique blanche* s'obtient en employant au lieu de cire jaune, la cire blanche dite *cire vierge*, vendue sous forme de palets ou d'hosties ; on se sert de cette substance pour remplacer le vernis sur certains marbres, bois ou décorations, que l'on passe à la cire et que l'on frotte ensuite pour amener le brillant.

Dans le commerce, on vend toutes sortes de produits ayant nom : encaustiques chinoise, tonkinoise, américaine, lesquelles ont pour base la cire fondue à l'essence, mais avec des matières qui lui retirent de sa valeur commerciale, telles que la cire minérale, la paraffine, la résine, etc., ou bien encore des *brillants florentin*, oriental, français, etc., qui ne sont en réalité, que des encaustiques à l'eau diversement teintées.

CHAPITRE VII

___

De la nouvelle peinture dite « la Décorative ».

La peinture préparée ainsi qu'il est dit dans les précédents chapitres est composée de matières à base de *plomb*, de *mercure*, de *cuivre*, etc., toutes nuisibles à la santé de l'applicateur et d'une odeur désagréable ; d'un autre côté, il faut broyer la couleur avant de l'employer, ce qui nécessite une certaine habitude ainsi que les outils appropriés à cet usage. Pour éviter ces inconvénients, l'amateur doit faire emploi de la peinture en poudre préparée spécialement par *M. L. Caron*, marchand de couleurs, appelée par lui « nouvelle peinture ou la *Décorative*. » — Cette peinture *possède avec elle son siccatif* ; elle est sans danger dans son application sur *bois, ferrures, pierres, briques, murailles, instruments* aratoires, etc. ; son usage a donc son utilité à la *ville*, à la *campagne* et au *bord de la mer*.

Cette peinture est préparée en poudre fine, sous la forme de paquets, de la contenance de 1 kilo avec étiquette et mode d'emploi ; chaque paquet porte le N° de la nuance, ce qui permet de ne point interrompre le travail commencé en suivant l'indication de cette référence.

Avec les 30 nuances de la *Décorative*, tout le monde peut peindre soi-même ; par son transport facile, en petite quantité et sa conservation indéfinie, cette peinture est utile à tous ceux qui veulent la *qualité* réunie au *bon marché*.

Elle intéresse particulièrement les *propriétaires*, la *marine*, l'*exportation*, les *communautés*, les *fermiers*, les *institutions*, les *manufacturiers*, les *horticulteurs*, les *établissements thermaux*, *agricoles* ou *hospitaliers*, etc.

La *Décorative*, préparée soigneusement avec des matières d'une *innocuité parfaite*, peut être employée dans les établissements de bains minéraux, les écuries ou autres endroits où les sels ammoniacaux altèrent la peinture à base de céruse.

Elle peut être employée par toutes personnes étrangères à la profession du peintre et n'offre pas le danger des *coliques dites de plomb*, qui atteignent celles, peu habituées à manipuler les peintures à *base de plomb*, de *cuivre* ou de *mercure*.

La *Décorative* a l'avantage d'offrir à l'applicateur non compétent, une série de nuances, en usage dans la peinture en bâtiment, nuances qu'il peut varier selon son désir ou son goût, suivant la décoration qu'il veut obtenir.

La seule préparation est du reste facile à faire sur place : c'est le mélange de la poudre avec les quantités suffisantes d'huile de lin ou de noix et d'essence de térébenthine, à l'effet d'obtenir une consistance bonne à l'emploi par le pinceau.

Ces liquides se trouvent aussi à la campagne, chez tous les marchands droguistes, épiciers ou quincailliers et, ne demandent pas un fort approvisionnement.

En ne préparant que la quantité voulue, suivant l'usage, on conserve intacte la poudre *Décorative* et, il n'y a plus à subir la perte d'une peinture non employée, laquelle, en se graissant, n'est plus de service.

La *Décorative* moins lourde que la peinture à base de plomb *couvre plus de surface* et revient à *meilleur marché*.

C'est en un mot : **le peintre chez soi.**

La *Décorative* est livrée en paquets de 1 kilo et au-dessus ou en caisses de 5, 10, 25 kilos environ de chaque nuance en vrac.

Les 30 nuances types sont :

Nᵒˢ 1. Blanc	le kilo 1 fr.	»	
2. Gris pierre	—	»	80
3. Gris croisée	—	»	80
4. Gris fer	—	»	80
5. Gris ardoise	—	»	80
6. Noir fixe, le kilo 1 fr. 20, le 1/2 kilo...		»	60
7. Jaune sapin	—	»	80
8. Jaune bois	—	»	80
9. Chêne clair	—	»	80
10. Chêne foncé	—	»	80
11. Brique claire	—	»	80
12. Brique foncée	—	»	80
13. Marron	—	»	80
14. Chocolat	—	»	80
15. Brun violet	—	1 fr. 25	
16. Vineux clair	—	1	25
17. Vineux foncé	—	1	25
18. Vert d'eau	—	1	25
19. Vert foncé	—	1	25
20. Vert moyen	—	1	25
21. Vert clair	—	1	25
22. Vert olive	—	1	25
23. Vert bronze foncé	—	1	25
24. Bleu foncé	—	1	25
25. Outremer	—	1	25
26. Bleu de ciel	—	1	25
27. Rotin foncé	—	1	50
28. Rotin clair	—	1	50
29. Rouge vif	—	1	75
30. Rouge laqué	—	1	75

La peinture la *Décorative* se prépare ainsi :

Dans un pot ou camion en tôle, mettre la quantité approximative qui doit être employée, en se basant comme suit :

1° Pour travaux extérieurs ou sur fers :

Poudre Décorative............................. 600

Huile de lin................................... 300

Essence de térébenthine....................... 100

Total.......... 1 kilo

2° Pour travaux intérieurs :

Poudre Décorative............................. 600

Huile de lin 200

Essence de térébenthine 200

Total.......... 1 kilo

Le dosage indiqué ci-dessus n'est qu'approximatif, la variation dépend de beaucoup de causes et surtout de la porosité de l'objet à peindre. Cependant, nous devons informer l'amateur que certaines peintures ocreuses comme les Nᵒˢ 8, 9, 10, 12, 13, 15, demandent un peu plus de liquide.

Ce genre de peinture siccative, qui est préparée uniquement pour être détrempée à l'essence et à l'huile, peut avoir aussi son emploi dans la peinture à la colle ou à la détrempe, dont nous parlerons à la suite.

Pour employer la Décorative, il suffit de faire tout d'abord une pâte, avec poudre décorative et huile de lin, qu'on laisse infuser pendant une heure, on ajoute ensuite la quantité suffisante d'huile et d'essence nécessaire à son application, c'est à dire, plus d'huile que d'essence pour les travaux extérieurs ou quantité égale de chaque liquide si c'est pour l'intérieur.

Cette peinture infusée la veille serait préférable pour obtenir une teinte plus brillante.

La première couche dépense une plus grande quantité de peinture que les autres; c'est cette couche que l'on appelle *couche de fond* ou *d'impression*, elle doit être faite plus claire de ton et de consistance; cette couche parfaitement sèche, il faut reboucher les interstices avec le couteau dit à reboucher.

On emploie, pour ce travail, le *mastic* à l'huile, préparé en pâte dure avec blanc de Meudon et huile de lin.

La seconde couche peut alors être appliquée ; on y ajoute un peu plus d'huile de lin et la teinte doit être un peu plus corsée ; celle-ci, bien sèche, la troisième couche pourra être ensuite appliquée.

Dans l'entre-temps, sur la première, on aura poncé, poli, préparé le travail, de façon à lui donner une surface uniforme.

Avant de commencer tout travail de peinture, il est urgent de gratter, d'épousseter, de lessiver et de laver l'objet sur lequel elle doit être appliquée ; c'est ce qu'on appelle les *travaux prépara-toires*. (Voir chap. V.)

Les ferrures doivent être passées au *minium* (oxyde de plomb) : 3 parties minium et 1 partie d'huile de lin, afin d'éviter l'oxydation des métaux.

Les brosses et pinceaux doivent être tenus en bon état de propreté, et après chaque couche, si le pinceau ne reste pas dans la teinte, il faut le mettre à tremper dans l'eau ; de cette manière, le pinceau conserve son état mou, et il est bon à l'usage pour un autre travail.

Les brosses se nettoient avec un peu d'essence ; le résidu est mis de côté pour servir dans une teinte plus foncée ; il faut observer également de ne pas se servir d'une brosse neuve sans l'avoir préalablement mouillée à l'eau, pendant une heure environ, pour faire gonfler le bois et pour empêcher les soies de se retirer sur la peinture lors de l'emploi ; il est urgent de bien secouer la brosse au sortir de l'eau et de ne l'employer que parfaitement sèche.

Sans connaître la spongiosité des matériaux à peindre, on ne peut fixer d'avance la quantité de peinture qui convient pour une surface indiquée, mais l'on peut s'en rendre compte approximativement aussitôt la première couche appliquée.

La première couche demande plus de peinture que la deuxième, et celle-ci un peu plus que la troisième, qui ne fait que terminer l'ouvrage en lui donnant le ton général. — Ainsi, un kilo de peinture à la *Décorative*, préparée avec le liquide, couvrira une surface d'environ 8 mètres pour la première couche, 6 mètres pour deux couches, ou 4 mètres pour les trois couches successives. — Il y a

cependant des couleurs lourdes comme les N° 19, 20, 21, 24, qui peuvent couvrir un peu moins de la surface indiquée ci-dessus.

— Pour peindre les *portes, croisées, volets*, nous conseillons d'employer la *Décorative* n° 3 (gris) ou n° 7 (sapin) ou n° 8 (bois). Pour les *boiseries intérieures*, le n° 1 (blanc); celles des *cuisines, corridors*, les n°s 7 et 8; les *murailles extérieures*, avec le n° 2, ou mélange du n° 7 et n° 2; celles *intérieures*, n° 18 (vert d'eau) ou n° 7 (sapin); pour les *plinthes*, le n° 6 (noir); les *frises*, le n° 13 (marron), n° 14 (chocolat), ou n°s 16, 17 (vineux). Pour les *balcons* et *grilles*, on emploie les n°s 4, 5 (gris fer, gris ardoise), ou n°s 22, 23 (vert bronze), ou n° 15 (brun violet); pour les *portes charretières, boiseries extérieures, instruments aratoires*, on fait usage des n°s 9, 10 (chêne). Pour les *treillages, berceaux, bancs de jardin*, etc., ce sont les n°s 19, 20, 21 (vert) qu'il faut employer; pour les *ferrures* et *serrures* on fait application des n°s 15 (brun), 22, 23, (vert bronze). Les autres couleurs ont leur emploi dans la décoration intérieure, et c'est le goût du peintre qui décidera à quel moment et sur quel sujet il doit en faire l'application.

Il est urgent de remuer, de temps à autre, la peinture avec la brosse, pour la maintenir en suspension au fur et à mesure de son emploi.

Nous avons dit précédemment que les raccordements exigeaient une grande attention, en raison des difficultés que doit surmonter le peintre; il faut de sa part une certaine habitude de l'amalgame des couleurs et des modifications amenées par le temps.

Avec la *Décorative*, la difficulté du raccord n'existe plus puisque les nuances préparées sont constamment les mêmes et, comme ce travail exige néanmoins quelques précautions (malgré lesquelles la nouvelle teinte est toujours plus fraîche et plus vigoureuse), le mieux est d'étendre sur tout le sujet, un *glacis* ou teinte légère de façon à égaliser la couleur dans un même ton.

La *Décorative* peut être également employée à la colle (peinture dite à la détrempe) pour décoration murale, théâtre, plafonds, etc.; on emploie pour ce genre de peinture, la colle de peau ou bien la

Colle Économique, soluble à froid et les couleurs sont infusées à l'eau. La *Décorative* peut être vernie ; on emploie pour les teintes foncées le vernis gras intérieur, et pour les teintes claires ou blanches le vernis copal blanc. — Les peintures extérieures sont vernies avec vernis gras à devanture ou pour l'extérieur.

Nous renvoyons le lecteur aux chapitres : *Conseils* et *Tablettes* pour le complément des renseignements utiles à la bonne application des peintures en général.

CHAPITRE VIII

I — De la peinture à la détrempe.

On appelle peinture à la détrempe, celle qui a pour base les couleurs broyées à l'eau et la colle pour véhicule.

La peinture à la colle est moins usitée qu'il y a vingt ans ; cependant, nous ne croyons pas que l'on puisse aujourd'hui obtenir une décoration plus belle, plus mate avec l'essence de térébenthine.

Il est vrai que ce genre de décoration réclame une certaine habileté et que la fixité des couleurs laisse à désirer.

La peinture à la détrempe s'emploie à l'intérieur ; on s'en sert pour les décors de théâtre; les fêtes publiques ou pour les travaux qui ne demandent qu'un éclat momentané et de courte durée.

Cependant le temps n'est pas loin de nous, où cette peinture était à la mode. Bien des peintres se souviennent encore de la détrempe vernie qui a été l'objet d'un engouement universel. Rien n'est durable en ce monde et l'on peut présager le retour de cette peinture qui a l'avantage, sur celle à l'essence, d'être salubre et ininflammable.

II — Des colles et leur emploi.

On désigne sous le nom générique de *colle* toutes matières grasses, épaisses, agglutinatives, offrant une solidité relative, en séchant à l'air libre.

Les principes qui déterminent l'adhérence sont: les *gommes*, la *gélatine*, les *amylacés*.

Les propriétés des colles diffèrent de leur extraction, de leur genre de fabrication et de l'homogénéité des matières premières.

Il n'y a, en réalité, que deux sortes de colles employées dans la peinture :

1° La colle végétale ou de farine :

2° La colle animale ou colle de peau.

La colle végétale se prépare avec les amylacés : Farine, fécule, gluten, amidon, gomme, etc.

La colle animale est celle qu'on extrait des matières animales, telles que les os, les nerfs, les tendons ou cartilages, les peaux, ainsi que certains tissus gélatineux que l'on trouve dans le corps des animaux.

Ces dernières sont plus adhésives que les précédentes ; elles sont connues commercialement sous les noms de : Colle-forte, Colle de Flandre, Gélatine, Colle de peau. Les unes servent à l'assemblage des pièces de bois, les autres sont employées dans la peinture à l'eau ou à la détrempe.

III — De la colle de pâte ou végétale.

Cette colle est vendue au détail, à Paris, chez les marchands de couleurs : elle est épaisse, compacte, blanche, douce au toucher et peu adhérente.

Elle se conserve quelques jours, mais elle fermente facilement sous l'action d'un brassage quelconque ; on retarde la fermentation en y ajoutant un peu d'alun.

Elle est employée dans diverses industries telles que la reliure, la brochure, le cartonnage, etc., mais spécialement par les peintres, pour le collage de papiers de tenture.

Pour s'en servir, il faut battre légèrement la colle avec la brosse et ajouter de l'eau de rivière ou de pluie au fur et à mesure : c'est le meilleur moyen de faire disparaître les grumeaux et d'obtenir une force adhésive plus sensible.

Il est une croyance accréditée dans la peinture, que la colle de pâte se fait avec de la farine avariée ou de basse qualité : celui-là n'a jamais fabriqué de la colle, qui accorde quelque confiance à cette croyance.

La colle de pâte peut être fabriquée chez soi, et pour ceux qui n'ont pas la faculté d'acheter, chez leur marchand, voici la meilleure recette :

On prépare cette colle en délayant dans une marmite et après l'avoir tamisée :

1 kilogramme de farine de froment 1re qualité, dans 10 kilogrammes d'eau de pluie ou de rivière.

Cette opération doit se faire en ajoutant l'eau peu à peu et en remuant, pour écraser les grumeaux ; on augmente ensuite la quantité d'eau pour obtenir une sorte de lait bien homogène.

Mettre la marmite sur un feu doux, et remuer sans cesse dans le même sens avec un bâton, afin d'éviter le brûlage de la farine au fond du vase.

Le liquide s'épaissit bien vite, et après un ou deux bouillons, on retire du feu : la colle de pâte est préparée. Pour la conserver, on peut ajouter 60 grammes d'alun de glace.

En remplaçant par de la farine de seigle celle de froment, et en opérant de cette manière, on obtient une *colle bise* dont l'emploi est préférable pour coller les toiles cirées, les tapis-cuir. Cette sorte de colle ne se conserve pas et doit être préparée au fur et à mesure du besoin.

IV — Des colles animales.

Nous avons dit précédemment que les colles animales étaient extraites des os, des nerfs ou des cartilages d'animaux. Parmi les colles de cette classification, la peinture fait usage des colles suivantes :

La colle de Flandre ou gélatine qui est extraite des os ou des nerfs ; elle se vend en plaques minces, sèches, cassantes, transparentes ; l'eau froide la gonfle, la ramolit, la rend opaque, mais elle ne s'y dissout qu'après avoir été exposée à une douce chaleur. Elle redevient en gelée après refroidissement, aussi pour s'en servir faut-il lui conserver une température d'au moins 40 degrés.

On l'emploi pour l'encollage ainsi que pour la peinture des plafonds; — elle laisse quelque fois à désirer; — aussi pour obtenir de meilleurs résultats, les ouvriers parisiens emploient pour ce genre de travail la *colle double* ou *colle de peau*. Cette colle se fabrique avec les vermicelles ou débris de peaux de lapins; c'est une colle toute parisienne. Cette espèce de colle est en gelée épaisse, souple, se dissolvant facilement sous l'action de la chaleur et doit être chauffée pour l'emploi à la brosse.

Elle se putréfie assez promptement dans la saison d'été, malgré l'alun qui est ajouté pour retarder sa fermentation.

Les doreurs font usage de cette colle pour blanchir leurs cadres, mais on ne doit point ajouter d'alun qui produit une mousse nuisible à ce travail.

C'est pour généraliser l'emploi de cette colle de peaux de lapins, qu'un ancien fabricant a fait une espèce de colle en tablettes qui possède les propriétés adhésives de celle ci-dessus.

On la désigne sous le nom de *colle Totin*. Elle est vendue en tablettes carrées, un peu opaques, presque inodores et de bonne conservation.

Pour s'en servir, cette colle doit être préalablement ramollie dans l'eau froide et ensuite chauffée au moment de l'emploi: — 1 kilo suffit pour 10 litres d'eau.

V — Colles solubles.

La *colle soluble* est une sorte de glu, faite de gluten au moyen de la vapeur d'eau, et rendue soluble par une addition de potasse ou de soude caustique, avec un peu de glycérine.

La colle dite *soluble* est importée de Leipzig (Allemagne), où elle était connue sous le nom de *colle à la vapeur*. On l'employait à certains usages autres qu'à celui de la peinture à la détrempe;

elle est donc nouvelle chez nous, mais elle a déjà fait son temps. C'est par douzaines que l'on compte dès maintenant des colles de cette nature, et s'arrêtera-t-on en si beau chemin?

La difficulté est de délayer à froid cette glu : cette opération réclame une certaine attention. — Si l'encollage contient trop de colle, il se forme sur les plafonds des cordages, dont l'effet est désagréable à la vue. — Les brosses ne doivent pas être laissées dans le récipient, et l'imprudent qui oublierait son outil verrait le lendemain les soies de sa brosse toutes frisées et son outil perdu. — Le dépotage de la colle doit avoir lieu dans un vase en bois, en grès ou en verre, pour éviter sa décomposition. — Ne pas employer des couleurs métalliques, et le blanc de Meudon, les ocres ou les argiles sont les seules couleurs pouvant s'y combiner sans inconvénient. — Pour faire le mastic, avoir sous la main de la glycérine et encore votre mastic n'est pas réussi, etc., etc.; — et tous ces ennuis proviennent de la potasse, qui tient à l'état pâteux et humide la colle faite avec le gluten.

VI — Colle économique.

La *Colle économique* est une gelée sirupeuse *soluble à l'eau froide*, elle n'a rien de commun avec toutes les colles dites solubles qui ont mis, avec raison, les Peintres en garde contre les produits destinés à remplacer la colle de peau dans la peinture à la détrempe.

Les avantages de cette nouvelle colle sont, pour les peintres-plafonneurs :

1° *Suppression du chauffage;*

2° *Economie de main-d'œuvre;*

3° *Travail mieux exécuté:*

4°.*Emploi de toutes les couleurs;*

5° *La teinte préparée à volonté, etc.*

Rien n'est changé dans la pratique : la colle peut être employée avec parties égales d'eau pour encollage, murailles, couloirs, etc., — 2 parties d'eau pour peinture décorative, — 4 parties d'eau pour plafonds (en croisant ses coups de brosse, on évite l'encollage sur plafonds neufs).

Il est recommandé de battre la *Colle Économique* avant d'ajouter la quantité d'eau suffisante, notamment en hiver.

VII — Du blanchiment des plafonds

Dans la peinture à la détrempe, on comprend le blanchiment des plafonds et des murs ; voici comment l'on doit opérer pour obtenir un beau blanc de plafond.

Avant toutes choses, le plafond doit être lavé et gratté à vif ; si la couche de fond n'est pas faite à l'huile, on passe une couche d'encollage faite avec colle de peau ou de *Colle Économique* coupée d'eau en parties égales.

Le rebouchage est fait ensuite avec un mastic composé de blanc de Meudon écrasé et de colle de peau ou bien de colle économique. Lorsque les fentes sont trop grandes, il convient de mastiquer au plâtre ou de les masquer avec des *bandes de calicot* que l'on applique après les avoir collées préalablement avec colle double bouillante ou *Colle Économique* ; lorsque le plafond est noirci par le temps ou bien roussi par la fumée, il convient de passer sur le plafond après le grattage, un lait de chaux qui empêchera ces taches de reparaître sous la détrempe à la colle, et par conséquent de manquer son plafond. Cette opération terminée, il faut préparer le blanc de plafond en cassant l'un contre l'autre deux pains de blanc de Meudon dans une quantité d'eau suffisante : pour dix mètres, mettre dans un seau douze pains de blanc, infuser dans deux litres d'eau, ajouter un peu de noir de charbon, et mêler à cette mixture environ un kilog. de colle. Après avoir bien remué le tout en tenant la teinte grise un peu plus foncée, — les peintures en détrempe pâlissent toujours en séchant, — s'en servir en observant de commencer par la partie du plafond la plus éclairée.

Pour bien réussir cette peinture, il faut l'obtenir du premier coup et bien qu'elle paraisse simple au premier abord, elle demande une grande attention dans la pratique.

VIII — De la peinture à la fresque.

La *Fresque* est une sorte de détrempe exécutée sur enduit frais. Cette peinture est très usitée dans les pays méridionaux et principalement dans toute l'Italie.

Notre climat humide ne permet pas de faire application de la fresque, à l'extérieur de nos édifices, mais à l'intérieur la fresque se maintient sans aucune altération.

Dans l'ancienne fresque, sur pierres lisses, on commençait par entailler l'épiderme de façon à rendre adhérente le *crépi* ou premier enduit.

Le mortier dont se compose le crépi est fait avec de la chaux hydraulique de première qualité et du sable granitique ou de la pouzzolane, de manière à former une surface grenue, qui retiendra le second enduit.

Celui-ci est plus lisse, et pour l'obtenir le sable doit être passé au tamis fin.

Pour préparer le mortier, il faut d'abord éteindre la chaux, puis après vingt-quatre heures d'extinction, la chaux qui a l'apparence d'une pâte dure, est rendue souple par un battage vigoureux.

Le mortier préparé se compose de deux parties de sable et une partie de chaux éteinte.

Le mur sur lequel est appliquée la fresque, doit être mouillé en plusieurs fois, puis le mortier bien manié avec la truelle; il est appliqué en une ou deux couches, jusqu'à ce que l'enduit présente une surface uniforme, que l'on a soin de ne point lisser.

Ce premier enduit bien sec, le dessin du tableau est tracé avec le poncé, et le trait arrêté avec le pinceau.

La couche du second enduit doit avoir très peu d'épaisseur pour ne pas couvrir le tracé.

Lorsque cette couche est assez ferme pour résister à la pression du doigt, on peut calquer le trait de la partie à peindre.

Les couleurs employées dans la fresque sont celles que la chaux ne peut altérer : la craie, les sels de chaux, les outremers, les ocres, les noirs de fumée, les oxydes de fer.

Pour employer ces couleurs, on se sert d'une colle spéciale composée de blancs et de jaunes d'œufs mêlés et battus ensemble, ou celle faite avec le sérum de fromage.

Quelques couleurs, comme les blancs s'emploient avec de l'eau tout simplement.

Cette peinture, qui ne saurait être en usage dans nos ateliers parisiens, mais qui est en grand honneur dans l'Italie, est durable et résiste des siècles : les fouilles dans les anciennes cités romaines et égyptiennes en sont la preuve.

CHAPITRE IX

I — Peinture à la chaux.

On appelle *peinture à la chaux* celle dont cette substance est la base, — on la désigne aussi sous le nom de *badigeon*. Cette peinture commune sert à blanchir les murs, les ravalements de maison, les églises de campagnes et les monuments publics tels que casernes, hôpitaux ; elle a aussi son utilité dans les écuries pour les assainir des gaz ammoniacaux qui s'y accumulent. L'opération s'appelle *badigeonner*, de même que l'ouvrier a nom *badigeonneur*. Chaque peintre à sa formule pour composer un badigeon, mais voici une excellente recette :

Faire éteindre chaux vive, 10 litres dans quantité suffisante d'eau ; l'excédent d'eau retiré, on ajoute à cette chaux éteinte environ 1 kilog, d'alun (sulfate d'alumine dissout dans 12 litres eau chaude et l'on agite pour bien mêler — pour donner plus de fixité, y ajouter 5 litres d'urine, puis 10 litres d'eau.

Ce badigeon est blanc, mais le plus souvent, on teinte avec ocre jaune, ou noir pour rapprocher du ton de pierre et nous répéterons ce que nous avons dit au sujet de la peinture à la détrempe, que les couleurs à l'eau pâlissant en séchant, il convient de tenir la teinte plus foncée ; pour obtenir le ton, le mieux est d'appliquer sur une partie un échantillon de la teinte, et attendre sa complète dessiccation pour apprécier et remédier.

On se sert pour ce genre de peinture de *brosses dites à la chaux* ou à *maçons* (fig. 6) ou bien encore, pour les ravalements exté-rieurs, de brosses à manche carré tenues au bout d'une gaule et appelées *brosses à badigeon* (fig. 11) ; à Paris, le badigeonnage se fait au moyen de la corde à nœuds.

Les couleurs métalliques sont détruites par la chaux ; pour obtenir du vert d'eau, nous conseillons de faire emploi du *vert d'outremer*, plus connu sous le nom de *vert à la chaux* — le bleu d'outremer convient pour la teinte bleue.

On rend le badigeon plus durable à la pluie en ajoutant du chlorure de baryum : une partie dissoute dans cinq parties d'eau pour dix parties de badigeon préparé.

Voici une autre recette d'un *badigeon Parisien* exprimenté par nous et qui réussit sous toutes les latitudes :

Chaux vive	8	litres
Sel blanc	3	—
Blanc de Meudon	500	grammes
Colle de Flandre	500	—

La chaux est éteinte avec un peu d'eau bouillante, puis passée au tamis fin pour enlever les pierres et autres impuretés ; le sel blanc est dissout dans quantité suffisante d'eau chaude, puis ajouté au lait de chaux tamisé ainsi que le blanc de Meudon en poudre ; puis la colle de Flandre que l'on fait dissoudre dans de l'eau bouillante ; — en ajoutant 12 litres d'eau chaude, on obtient un excellant badigeon d'un prix de revient à bon marché et que la pluie ne lave pas. Un litre de badigeon suffit pour trois mètres environ.

II — Du silicate de potasse — Peinture siliceuse ou silicatée.

La conservation des pierres par la silicatisation date de 1825. C'est un chimiste allemand, du nom de Fuschs, qui a fait connaître, vers cette époque, les propriétés du *Verre soluble*. En 1852, M. Visconti, architecte du gouvernement impérial, fit l'application de ce procédé pour conserver les pierres de nos monuments : le Louvre, Notre-Dame, etc. Mais c'est M. Léon Dallemagne qui a eu l'idée de la silicatisation, qui l'employa avec succès, et c'est lui qui fut l'importateur de ce procédé.

Il ne faut pas non plus oublier le grand insdustriel, M. Kuhlmann, de Lille, à qui on peut, avec justice, attribuer la plus grande part de sa propagation en France.

Le silicate alcalin ou verre soluble est le résultat obtenu par une dissolution de silice (sable de verrerie) par la potasse ou la soude caustique. — Il se présente sous deux formes ; le silicate vitreux ou sec et le silicate liquide. Le procédé de silicatisation consiste dans l'emploi du silicate alcalin étendu de 4 à 5 fois son volume d'eau sur les pierres, briques et mortiers tendres ou poreux, en les imprégnant à trois couches au moyen du pinceau.

Dans les travaux du Louvre, on a fait usage de pompes et le silicate était teinté légèrement de noir, pour enlever à la pierre l'éclat de sa nouveauté, pour la vieillir en quelque sorte. Un intervalle de douze heures doit être laissé pour faciliter l'adhérence des autres couches et donner à la pierre la dureté convenable. Le durcissement de la pierre n'est pas immédiat ; il augmente graduellement, suivant que le silicate pénètre plus profondément ou suivant la porosité des matériaux.

La pierre la plus tendre devient, au bout de quelques jours, aussi dure que la meilleure pierre ; elle résiste aux intempéries et aux variations atmosphériques du bord de la mer. Cependant, il arrive quelquefois que l'épiderme se recouvre d'une efflorescence calcaire et s'effrite sous l'action d'une température violente, ce qui a lieu, lorsque le silicate n'est pas suffisamment étendu d'eau ou que l'imperméabilisation est trop prononcée.

La conservation des pierres est donc le résultat d'une sorte de vitrification qui arrête intérieurement la porosité des pierres calcaires, en faisant avec le silicate alcalin un corps parfaitement homogène.

Le silicate de potasse n'est pas seulement employé pour durcir les pierres tendres ; la peinture s'en est emparée et diverses applications heureuses ont démontré l'utilité de ce produit, dans les ravalements extérieurs, pour imiter la pierre par une couche uniforme et grenue.

C'est ce qu'on appelle la *peinture siliceuse* ou *silicatée*. Cette peinture donne l'apparence de la pierre : même teinte, même grain, c'est à s'y tromper. Mais tout le monde ne peut faire emploi de ce procédé, qui diffère de la peinture ordinaire en ce sens, qu'au lieu d'adoucir la couche, il faut en quelque sorte la fouetter pour obtenir le grenu artificiel. — La Société de la Vieille-Montagne prépare aussi une peinture siliceuse à base de zinc qui donne de bons résultats.

Le silicate de potasse faisant la base de la peinture siliceuse, il doit être étendu d'une quantité d'eau égale à quatre fois son volume ; les matières colorantes qui entrent dans sa composition sont : le blanc de zinc, le sulfate de baryte, la magnésie, les ocres, les sciures de moellons, l'oxyde pierreux, etc.

Cette peinture adhère au zinc et lui donne l'apparence de la pierre ; sans remplacer la peinture à l'huile, dans bien des cas, cette peinture a sa place dans certains travaux, mais à la condition, toutefois, que les matériaux ne soient point humides ni salpêtreux.

III — Durcissement des pierres. — De la fluatation.

On a fait jusqu'à ce jour emploi de silicates alcalins pour opérer le *durcissement de la pierre*, sans obtenir de résultats bien satisfaisants ; non seulement ils ont pour effet d'imprégner la pierre de sels solubles qui ne se décomposent pas, même par la pluie ; mais encore, comme ils sont composés de soude ou de potasse, ils favorisent la salpêtration ; ils n'empêchent pas non plus la production des mousses et autres cryptogames, que produit l'humidité du sol alimentée par les sels de potasse y contenus.

Parmi les bons procédés de durcissement des pierres calcaires, nous citerons la *fluatation*, opération qui consiste à imprégner la pierre de fluosilicates de zinc, d'alumine, de magnésium ou de plomb, employés seuls ou combinés ; ces fluosilicates ont la propriété de ne laisser dans la pierre que des substances insolubles, durcissantes et non gelables. — Il ne se produit, en effet, après le dégagement de l'acide carbonique que du spath fluor, de la silice, de l'oxyde d'aluminium et des carbonates métalliques, toutes substances plus insolubles que la pierre.

Le *fluosilicate de magnésium* laisse à la pierre sa teinte naturelle; le *fluosilicate de zinc* convient pour la blanchir.

Le *fluosilacate d'alumine* produit un durcissement instantané et une imperméabilisation plus complète.

Pour teindre les pierres en *vert foncé*, on emploie des sels de cuivre — *en jaune*, des sels de chrôme — *en brun*, des fluosilicates de manganèse et ensuite une solution de permanganate de potasse — *en rose*, le sel de cuivre avant une imprégnation de cyanure de potasse — *en noir*, des sulfures solubles par dessus un fluosilicate de zinc ou de plomb.

On peut également faire usage de la sciure de pierre mêlée à un fluosilicate, pour reboucher les pores, de même que l'on peut donner à la surface fluatée, le poli du marbre en la frottant avec énergie avec un feutre sec, ou humecté de cire à l'essence.

On durcit aussi les plâtres et les pierres tendres calcaires, par des solutions doubles d'alun et de borax, ou de borax seulement qu'on applique au pinceau ou à l'éponge, de façon à abreuver les matériaux ; l'oxygène de l'air leur donne ensuite la patine qui ne s'obtient qu'à la longue.

Le *ciment métallique* dont on fait usage pour les réparations de monuments publics, comme cela a eu lieu dernièrement pour le Louvre, la porte Saint-Martin et la porte Saint-Denis, est basé sur la combinaison d'un oxyde et d'un chlorure de zinc, suivant la formule de *M. Sorel* qui est véritablement l'inventeur du procédé employé de nos jours ; *M. Fontenelle* en donnant son nom au ciment métallique, n'en a été que le propagateur ou plutôt le vulgarisateur. Il se compose donc d'un liquide et d'une poudre ; d'une part du chlorure de zinc liquide à 40° et d'autre part, d'un oxyde (gris-pierre). Cette pâte, malaxée au couteau au moment de l'application, durcit vite et souvent le temps manque pour employer toute la préparation : de là une perte de temps et de substances ;

ainsi pour obvier à cet inconvénient beaucoup de fabricants de ce
ciment (et ils sont nombreux aujourd'hui), ajoutent à leur solution saturée de zinc, une faible quantité de chlorhydrate d'ammoniaque pour empêcher cette prise trop rapide, de même que dans
la poudre ils ajoutent des sciures de pierre, du marbre ou du silex
pulvérisés pour simuler la pierre.

Profitant des études de ses devanciers, M. Caron a créé un produit similaire bien que différent dans sa combinaison chimique
auquel il a donné le nom de *Lithochrome*. Ce liquide à base métallique et de glycérine est antiseptique, conservateur, désinfectant,
hydrofuge, antinitreux et surtout ininflammable. — Son action
est hygiénique à tous points de vue et, c'est parce que son emploi
est excellent comme ciment et comme badigeon que nous avons
pensé qu'il avait sa place marquée dans ce chapitre.

Le *ciment Lithochrome* L. C. se prépare au moment de l'emploi
en mélangeant au couteau sous forme de mastic, trois parties de
poudre *similipierre* (oxyde de zinc, magnésie et silice), avec une
partie de lithochrome (n° 1 concentré), cet enduit s'applique au
couteau ou à la truelle sur pierres, briques, terres cuites, fer, bois
etc., il devient dur et inaltérable du jour au lendemain, on l'emploie par petites surfaces et sans aucune autre préparation que le
nettoyage de l'objet.

Il convient au jointoiement des balcons, dalles, terrasses ainsi
qu'aux réparations des sculptures, statues, terre cuite, marbre, etc.;
arrête les fuites des liquides sur réservoirs, citernes ou futailles.
Son application en couches légères, comme revêtements hydrofuges sur murailles salpêtrées, arrête la nitrification des vieux
plâtres. — La poudre dite similipierre peut être teintée dans le ton
de la pierre en y ajoutant des ocres (jaune ou rouge) noir de charbon, brun Van Dyck, etc.

Le badigeon lithochrome remplace la peinture à l'huile pour les
façades exposées aux vents d'ouest ou au bord de la mer ; on
l'applique sur pierre, plâtre, craie ou boiseries, il résiste à la
gelée et aux intempéries.

8

On le prépare au moment du besoin, en employant notre poudre *similifresque* (ou blanc de zinc), que l'on infuse à l'eau et à laquelle pâte, on ajoute une partie de lithochrome (n° 2) et l'on teinte avec couleurs (sauf celles de plomb).

L'emploi se fait au pinceau et une ou deux couches suffisent — le rebouchage se fait avec trois parties de poudre et une partie de liquide, au moyen du couteau. Les pinceaux ayant servi sont lavés après emploi afin de les conserver. — Ce badigeon s'applique sur matériaux neufs, ou nettoyés s'ils ont déjà été peints à la chaux ; la peinture à l'huile doit être grattée et bien lessivée avant son application.

Le badigeon lithochrome convient aux hôpitaux, casernes, campements, monuments funèbres, écuries, étables ; il préserve les boiseries de la pourriture et de la vermine et les rend ininflammables. Le lithochrome (n°s 1 ou 2), étendu de 30 fois son volume d'eau est, en outre, un excellent désinfectant employé en lavages.

CHAPITRE X

DE LA DÉCORATION. — DU DÉCORATEUR EN BOIS ET MARBRES. — TONS DE FONDS. — OUVRAGES SPÉCIAUX. — PINCEAUX ET OUTILLAGE DU DÉCORATEUR.

I — De la décoration actuelle.

Il est à remarquer que la mode introduit dans la décoration des réformes radicales, sans cependant posséder un style quelconque.

Le xix° siècle ne pourra certes pas se vanter d'avoir inventé quelque chose de nouveau, mais au contraire, on lui reprochera d'avoir copié à peu près toutes les époques en prenant un peu partout.

Après avoir critiqué la décoration architectonique du XVIII° siècle nous en sommes arrivés à ne pas faire mieux, si ce n'est plus mauvais, puisque nous imitons d'instinct ce que nos devanciers nous ont laissé. L'Empire et la Restauration ont doté la construction d'une architecture ayant un aspect froid, banal, rococo. Le règne du second Empire a fait éclore ces constructions à six étages d'une architecture régulière, alignée, d'un même modèle ou à peu près.

La décoration s'est ressentie de cette régularité ; cependant, les bois et marbres imités sont plus repandus, le papier peint jette une note de gaîté dans l'ensemble décoratif, le stuc fait son apparition et complète, par des imitations de marbres, la décoration à bon marché de cette époque.

Aujourd'hui, l'architecture ayant emprunté à tous les styles français, grecs ou romains, les constructions n'ont aucun caractère particulier. Du reste, ce goût de bâtir à sa guise nous est venu de l'exposition de 1878, où s'alignaient, dans la *rue des Nations*, des constructions de toutes nature et de tous pays.

La mode, faisant un large pas en arrière, nous dote aujourd'hui de maisons de plaisance, de petits hôtels, vrais bijoux d'architecture, où s'allient avec ensemble, la céramique, les vitraux, les tissus et la peinture.

Autant de bonbonnières, dont la décoration intérieure rivalise de richesse avec l'aspect, peut-être, un peu sérieux de l'extérieur. C'est presqu'un mot d'ordre ; tout le monde, financiers ou boutiquiers, suivent la mode ; c'est un genre, c'est *high-life* et nos décorateurs n'ont pas à s'en plaindre.

II — Du décorateur en bois et marbres.

Pour imiter la nature, le peintre doit l'avoir sous les yeux ; c'est la meilleure manière d'étudier, en quelque sorte, les phénomènes de coloration qui se produisent avec le temps, sur toutes les essences, lorsque les bois sont débités, sciés en feuilles minces comme du papier.

Rien n'est beau que le vrai, a dit Boileau, et cela pourrait s'appliquer à l'étude des bois d'ébénisterie, qui servent de modèles au décorateur, pour être reproduits en peinture. Nous engageons donc les peintres à faire une visite dans le faubourg Saint-Antoine, aux marchands de bois des îles.

La décoration des bois est de l'art, il est vrai, et doit être abandonnée au caprice du peintre, mais nous croyons fermement, qu'il ne doit pas s'éloigner de la nature en reproduisant un bois quelconque, et que pour bien l'imiter, il doit auparavant l'étudier, le disséquer sous toutes ses formes.

C'est en effet une sorte d'anatomie qu'il doit faire, car chaque arbre d'une même espèce pousse différemment et il se produit des variétés de veines ou d'accidents, qui le font rechercher par l'ébéniste et l'amateur.

De même qu'un artiste ne peut faire un portrait sans son modèle, le peintre décorateur en faux bois, doit avoir étudié son bois, et le bien connaître avant de le reproduire.

Comment voulez-vous imiter une chose que vous n'avez jamais

vue ! Celui qui agit ainsi n'est pas un décorateur, mais bien un barbouilleur comme il y en a tant, dont les créations sont de pure fantaisie, mais qui font la jubilation de nos bons campagnards.

La grande difficulté pour le décorateur est à nos yeux, la couche de fond, sur laquelle doit se faire le faux bois ; elle est souvent laissée à l'initiative plus ou moins intelligente du peintre en bâtiment et, à notre avis, c'est le décorateur lui-même qui devrait la faire, suivant la décoration qui doit être appliquée.

Il est vrai que par un *glacis* bien approprié il remédie le plus souvent aux tons faux de la couche de fond, mais le glacis a moins de durée que le fond et le décor perd de sa vigueur ou de son exactitude.

Les tons des bois et des marbres varient à l'infini, ils sont subordonnés au désir de l'architecte, ou au goût du client ; mais surtout aux nuances des couleurs qui entreront dans la décoration et aux meubles et tentures des lieux à décorer. Les fonds pour les bois, et surtout pour les marbres doivent être nourris d'huile de lin, afin d'éviter au décorateur l'obligation de forcer d'huile les glacis, car si la dernière couche était trop maigre, il lui serait difficile d'exécuter son travail avec un glacis également maigre.

Pour les glacis des marbres blancs, brèche, jaune antique, etc., on emploie de l'huile blanche ou d'œillette de préférence à l'huile de lin qui jaunit les tons ; quelques gouttes de *siccatif oriental* suffisent pour activer la siccativité.

Les bois sont obtenus sur des glacis à l'huile ou des glacis à l'eau ; ils se font en deux fois, les veinages et le glaçage viennent en dernier quand l'ébauche est sèche.

Cependant pour certains bois, le palissandre, le marronnier, le noyer, etc. ; le premier est en quelque sorte le veinage, soit sur un fond sec, soit sur le glacis avec des crayons sanguine ou noirs.

Il faut sans faire trop uniforme de ton et d'effet, éviter les oppositions et les coupes trop accusées.

L'apprêt des fonds, des enduits et du ponçage joue, ainsi que nous l'avons dit plus haut, un grand rôle dans la bonne exécution du travail. Les bois ont besoin d'être vernis, c'est le vernis qui fait revivre le travail en quelque sorte enterré sous les glacis, veinages et spaltages ; il convient qu'ils soient vernis avant le filage, cependant pour les bois clairs, dont les glacis sont peu chargés, on peut exécuter le filage avant de vernir.

Au lieu de vernir, on emploie avec succès la cire blanche à l'essence, qui donne aux marbres un poli et un luisant solides ; son application exige de grandes précautions, car il faut éviter de dépouiller et d'user les dessous, par un frottement prolongé.

III — Tons de fonds pour les bois.

Afin de faciliter les couches de fond et surtout d'éviter aux peintres une perte de temps par une teinte mal faite, nous leur donnons un aperçu des couleurs qui entrent dans la composition de ces tons tout en leur laissant la liberté de faire plus ou moins foncé.

Chêne clair (ou neuf), blanc et ocre jaune.

Chêne foncé (ou vieux) blanc, terre d'ombre, ocre jaune et ocre rouge.

Sapin, blanc, ocre jaune et un peu de chrome pâle.

Noyer, blanc, terre d'ombre brûlée, ocre jaune ; on emploie également pour fond, le chrome pur.

Marronnier, ton de pierre, blanc et ocre jaune.

Palissandre, ocre rouge.

Cèdre, blanc, ocre rouge et ocre jaune.

Acajou, 3 parties ocre jaune et une partie ocre rouge.

Erable, ton de pierre, blanc et ocre jaune.

Bois de rose, blanc, ocre rouge et un peu d'ocre jaune.

Thuya, ocre jaune, ocre rouge, un peu de chrome et une pointe vermillon.

IV — Tons de fonds pour les marbres.

Les *tons de pierres* sont composés de blanc, ocre jaune et un peu de terre d'ombre.

Ceux de *bronze* s'obtiennent avec ocre jaune, bleu, noir, terre d'ombre et blanc.

Le *blanc-veiné* avec blanc, vermillon et outremer.

La *brèche d'Alep* avec blanc, ocre jaune, un peu de rouge et de noir.

Le *jaune de Sienne* est un ton de pierre avec un peu de vermillon et chrome.

Le *vert Campan*, avec blanc, noir, bleu, ocre jaune et un peu de brun Van Dyck.

Le *cerfontaine*, un ton gris fer (blanc et noir).

La *brèche violette*, un fond blanc pur.

Le *vert de mer*, un fond noir.

La *pierre du Jura*, un ton pierre frais sans noir.

Le *sevancolin*, avec blanc et un peu de brun Van Dyck.

Le *Levanteau*, avec brun Van Dyck; un peu de noir et de blanc.

La *brèche africaine*, un fond blanc pur.

Le *Sainte-Anne*, avec noir et un peu de blanc.

Le *grand antique*, tout noir.

Le *jaune fleuri*, avec blanc, ocre jaune et un peu de rouge.

Le *rosé*, avec blanc, noir et un peu de brun Van Dyck.

Le *Napoléon*, avec blanc, Cassel, un peu de noir et de brun Van Dyck.

Le *jaune antique*, avec blanc, un peu de vermillon et de chrome.

La *brèche blanche*, avec blanc, un peu de vermillon et d'outremer.

La *griotte d'Italie*, avec ocre rouge, du brun Van Dyck et noir.

L'*Henriette*, avec blanc et ombre calcinée.

Le *portor*, un fond tout noir.

Le *vert-vert*, avec blanc, noir, brun Van Dyck et vert anglais.

Le *vert d'Égypte*, avec ocre rouge et noir.

Le *bleu fleuri*, avec blanc et noir.

Le *Château-Landon*, fond ton pierre rompu avec un peu de rouge et de noir.

Le *granit des Vosges* ou *d'Egypte* avec fond gris foncé (noir et un peu de blanc).

V — Ouvrages spéciaux utiles au décorateur et à l'amateur.

Le peintre en bâtiment qui désire étudier sur modèles exécutés par des artistes en la matière, devra faire l'acquisition des albums créés par MM. *Glaise* et *Berthelon* et édités par la maison *César Daly et C*ⁱᵉ et que nous pouvons fournir aux mêmes conditions que les éditeurs (le port en sus et le paiement d'avance) :

1º — ALBUM DU PEINTRE EN BATIMENT

Travaux élémentaires, par M. N. GLAISE, peintre. — Les Bois et les Marbres, par M. EUGÈNE BERTHELON.

Filage. — Ornement à plat. — Bordures. — Frises. — Médaillons. — Coins ou Angles. — Palmettes. — Panneaux. — Plafonds. — Rosaces. — Moulures simples et compliquées. — Vestibules. — Marquises. — Escaliers. — Cafés. — Motifs divers, etc.

30 pl. en couleur. — Texte explicatif.

Prix en carton..... 50 fr.

2º — ALBUM DU PEINTRE DÉCORATEUR

Bois et Marbres, Lettres, Filage, Enseignes, Décors, Ornements, Attributs, etc.

30 pl. couleur. — Texte explicatif.

Prix en carton..... 75 fr.

3º — ALBUM DU PEINTRE D'ATTRIBUTS

Décors et attributs, cartouches, lettres ornées, bronze, trophées, entrée de bal, bordures, panneaux de fonds, etc.

Prix en carton...... 75 fr.

4° — ALBUM DU PEINTRE DE LETTRES

Modèles de lettres — 20 alphabets — Texte explicatif — Plan-ches en couleur.

Prix en carton..... 30 fr.

Il peut aussi s'abonner au *Journal du Peintre* (édition Morel), moyennant 25 francs par an, à partir de juillet ; chaque année est payable en s'abonnant. Nous ne doutons pas que le goût sup-pléant à la pratique, il ne parvienne en peu de temps à suivre les traces de ces décorateurs éminents

Pour le débutant peintre de lettres, il existe une série de quatre albums (édition Monrocq), qui reproduisent divers alphabets en anglaise, ronde, batarde, gothique et fantaisie, pour un prix très modique, — les quatre albums sont livrés au prix de 5 francs, (poste 5 fr. 60).

———————

VI — Des pinceaux et outillage du décorateur, du peintre fileur et du peintre de lettres.

Les pinceaux font l'objet d'une industrie toute parisienne, ils sont faits de poils de martre, petit gris, blaireau ou de chèvre ; le prix élevé des matières premières est cause que souvent, il est mélangé d'autres poils à ceux ci-dessus, mais le peintre s'aperçoit bien vite, à l'emploi des pinceaux, s'il a été ou non trompé dans son achat.

L'outillage du décorateur, fileur et peintre d'enseignes, étant nombreux, nous allons procéder à leur classe-ment en laissant à l'a-cheteur le soin de choi-sir son outillage dont le prix diffère, selon la grandeur et l'assorti-ment, plus ou moins complet. Pour le pein-tre décorateur, tout d'a-

Fig. 42.

bord : une *boîte à décor* (fig. 42) garnie de sa *palette*, de quelques *godets*, simples ou doubles à décor (fig. 43) et à filage (fig. 44) d'une boîte de peignes en *acier* (fig. 45) de *peignes en*

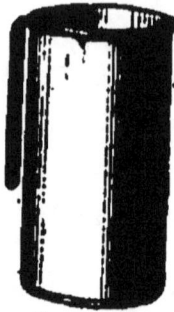

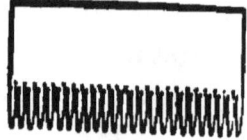

FIG. 43.   FIG. 44.   FIG. 45.   FIG. 46.

cuir (fig. 46), un pinceau à *chiqueter* (fig. 47), d'un pinceau à *mèches* (fig. 48), des pinceaux à *marbrer* et à *brèches* (fig. 49) d'un *balai à blaireau*

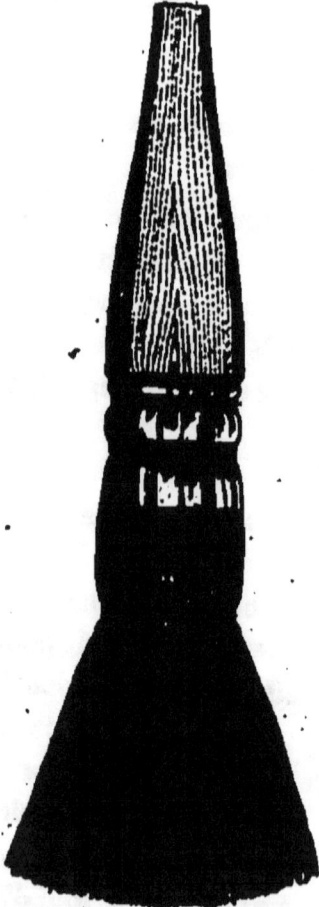

FIG. 47.   FIG. 48.   FIG. 49.

monté sur os (fig. 50), d'un *ébouriffoir*, d'un *ballon* monté sur bou-
chon, de plusieurs *brosses à tableaux* plats et ronds, de *brosses à*

Fig. 50.

filets et 1/2 filets plats et ronds, d'une *queue de morue*, de plusieurs
spalters en soie blanche (fig. 51) dont quelques-uns à crans (fig. 52),

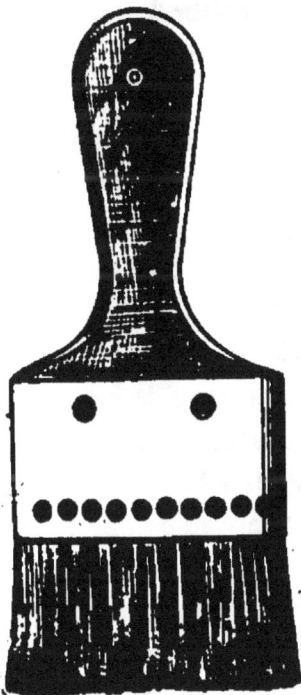  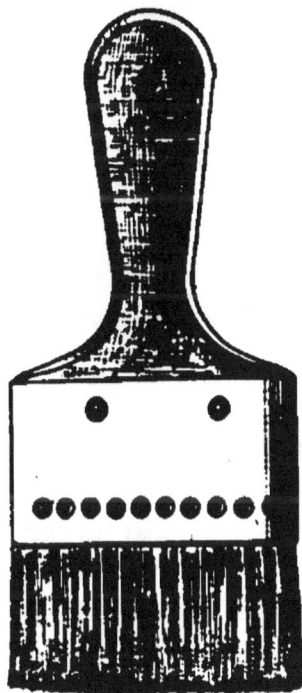

Fig. 51.   Fig. 52.   Fig. 51.

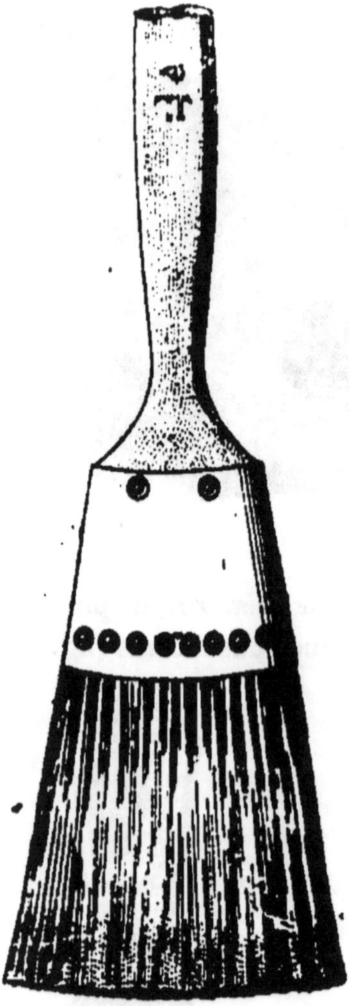

de plusieurs *veinettes*, assorties (fig. 53), d'une *queue à battre* en soie grise d'une petite éponge, de quelques crayons assortis de teintes et pour compléter son outillage, quelques tubes de couleurs, ainsi qu'un flacon d'huile et d'essence (fig. 54).

Les couleurs qu'emploie le peintre décorateur sous forme de glacis, sont les terres de Sienne naturelle et ombre calcinée, pour le *chêne*; les

Fig. 54.

terres de Sienne calcinée et la laque double pour l'*acajou*; les terres de Cassel, ombre naturelle et Sienne calcinée pour le *noyer*; les terres de Sienne naturelle et de Cassel pour l'*érable moucheté*. Les terres de Cassel et de Sienne calcinée et laque pour le *palissandre*; les *nœuds* du bois de sapin se font avec terre de Sienne calcinée; les *veines* se font à l'aide du crayon de couleur sépia ou d'ombre; le *peignage* a lieu avec le peigne en

Fig. 53.

cuir, puis avec celui en acier. — On appelle bois au *procédé* celui dont le glacis est composé de couleurs broyées à l'eau.

Les *mailles* du chêne s'obtiennent au moyen du ballon ou d'un morceau de drap qu'entortille le pouce. Le *chiffonnage* est la première ébauche donnant la forme à chaque planche; on opère sur le glacis même, au moyen d'un chiffon de toile à coller ou à tapisser. Le glacis et les veines sont adoucis par la queue de morue, la veinette et le balai de blaireau, dans le fil du bois. — Les *nœuds*

font avec la brosse à tableaux, les *ronces* avec le pinceau à
iqueter et celui à trois mèches.

VII — Du filage.

Le *filage* par son emploi multiple, est en quelque sorte le com-
lément de la décoration. Il présente de grandes difficultés, pour
s *tracés* et *distributions* qui exigent des notions de géométrie et
e dessin, et aussi dans l'exécution qui donne l'effet final satis-
aisant.

Pour aborder le filage des *fausses moulures*, l'ouvrier doit savoir
ler les *étrusques* et autres filets secs ; les fausses moulures doivent
tre surtout filées dans le ton ; c'est en observant les effets naturels
'ombre et de lumière, que l'on arrive à un bon résultat. Pour
ler sur tons unis et fonds de coupe de pierre, on emploie du blanc
lans la composition de toutes les teintes, mais le blanc seul ne
loit entrer que dans les *repiqués* pour les filages sur bois et marbres.

Les moulures de largeur ordinaire se font avec une demi-teinte,
un repiqué et un clair ; les corps de moulures larges demandent
une ou deux teintes en plus, des glacis et des clairs, remis à deux fois.

Sur les fonds unis, il n'y a pas de transparence à garder, mais
sur les bleus foncés, les rouges foncés, les verts foncés, etc., il faut
opérer comme pour les bois et marbres par *demi-teintes* et *glacis* ;
les *demi-teintes* doivent être grises et un peu froides — on emploie à cet effet deux parties essence, une partie siccatif liquide et
un peu d'huile de lin pour faire couler et teinter selon la nature
du travail.

Les *clairs* sont obtenus avec blanc et essence pure, en y ajoutant un peu d'huile blanche pour faire mieux glisser.

Le *peintre-fileur* est celui qui est chargé de ce travail, il rectifie
et termine par son expérience de la perspective, son bon goût et
son savoir-faire, le travail commencé par le décorateur.

Son *outillage* se compose, de *règles à fileur* en bois blanc ou en noyer, biseautées sur les côtés, souples et bien droites ; de *godets* en fer blanc, retenus par une patte, à la ficelle qui entoure sa taille ; ses couleurs sont des terres, du blanc, du bleu et autres couleurs fines qu'il emploie sous formes de jus ou glacis, maigres et siccatifs ; quelques brosses à filets de toutes largeurs, complètent son outillage du reste très élémentaire.

VIII — Des enseignes ou attributs.

Le *peintre de lettres* ou d'enseignes n'apparaît que pour donner la vie, un nom à une devanture de boutique, c'est une profession lucrative et souvent assimilée à la peinture de stores.

Son outillage comprend une boîte garnie de godets plats, pinceaux à lettres, en martre ou en petit-gris, des pinceaux dits à remplir ; quelques couleurs : le jaune de chrome, le vermillon et le blanc sont le plus souvent employés, la teinte tenue un peu grasse. Aujourd'hui, à Paris surtout, les enseignes sont des œuvres d'art ; le trompe l'œil y est poussé jusqu'à ses dernières limites.

Une grande justesse de tons est indispensable, et une bonne distribution de caractères, variés et bien distancés, est la principale qualité d'une enseigne.

C'est donc le bon goût du peintre de lettres qui donne une valeur artistique à une enseigne et la fait distinguer des autres.

Notre intention n'étant pas de donner des modèles de lettres, nous prions nos lecteurs de se procurer les ouvrages de M. *N. Glaise* dans lesquels ils trouveront, non seulement des alphabets, mais les éléments de cet art, dans lequel se sont illustrés les *Devignon*, les *Jules Leroux*, etc.

Du peintre de lettres au peintre d'attributs, il n'y a qu'un pas nous sommes en présence du vrai décorateur, de l'artiste, de la palette duquel sortent de véritables chefs-d'œuvre ; c'est lui qui règle l'harmonie des tons, qui fait naître ici, un paysage, là figure sur les panneaux ou sur les lambris ; c'est lui qui donne à une pièce trop étroite, de la perspective ou la diminue ; les styles grecs, pompéiens ou bizantins, revivent sous son pinceau d'un éclat plus moderne ; c'est enfin le peintre décorateur qui distribue la lumière ou la rectifie selon son bon goût et suivant les principes de l'*art décoratif*. Son bagage artistique se compose d'une boîte d'artiste en noyer poncé ou vernis, garnie de flacons d'essence de térébenthine et d'huile, pincelier, godets et palette en noyer (carrée ou ovale), d'un appui-main, des brosses à tableaux, soies blanches courtes (fig. 14), à virole ronde ou plate, ou bien des brosses dites à tableaux en martre rouge, quelques brosses de pouce, une queue de morue, etc.

Quant aux couleurs employées, la nomenclature en est nombreuse et renvoyons page 148 ainsi qu'au prix courant général que nous donnons à la fin de cet ouvrage.

CHAPITRE XI

I. — Du vernis.

Si nous ouvrons un dictionnaire, il y est dit : « qu'un vernis est un enduit dont on couvre la surface des corps ou qu'on met sur les vases de terre et la porcelaine ». Cette explication de nos acadé·miciens ne saurait contenter nos lecteurs et nous croyons devoir ajouter que le mot « vernis » signifie pour nous : *éclat — lustre — brillant*.

Un vernis est une substance plus ou moins épaisse, brillante après son application et qui préserve l'objet qui en est recouvert des influences atmosphériques ; un bon vernis doit réunir l'éclat et l'inal·térabilité, il doit être fluide et souple, d'un emploi facile à froid et lorsqu'il est sec, il ne doit ni gercer, ni se friser, ni être farineux.

Les matières qui entrent dans la composition d'un vernis sont appelées *gommes* ou *résines*. Les liquides servant de véhicules sont l'huile de lin, l'essence de térébenthine et l'alcool, de là les dési·gnations : *vernis gras* ou à l'huile, *vernis à l'essence* et *vernis à l'alcool* ou à l'esprit de vin.

Sans entrer plus avant dans les différents systèmes de fabrication du vernis, nous donnons un aperçu du mode le plus usuel qui est encore en usage, chez les fabricants de vernis.

II. — De la fabrication des vernis.

De tous les procédés mis en pratique pour la fabrication des vernis gras, à l'essence ou à l'alcool, c'est encore le *Matras* en cuivre qui est celui le plus employé par les ouvriers spéciaux.

Le matras est une sorte de marmite en cuivre ou en tôle, au col étroit et allongé, possédant deux oreilles ou poignées de toute la hauteur du col, pour le transport à la main du récipient sans trop de dangers ni de fatigues pour l'ouvrier chargé de ce travail.

Le matras est de date aussi ancienne que le vernis, et il est resté aussi primitif dans sa forme. Pour s'en servir, on le place sur un fourneau en briques réfractaires pratiqué dans le sol ; la partie supérieure du foyer, sur laquelle repose le matras est à ras du sol ; une spatule en fer avec poignée en bois est le seul instrument que nécessite la fabrication du vernis.

La gomme, cassée par petits morceaux carrés, est mise dans le matras (5 à 8 kilos tout au plus) et le feu étant allumé on chauffe à feu nu.

La résine commence à crépiter et une vapeur blanchâtre s'échappe du matras ; cette vapeur qui ne peut inquiéter l'opérateur est le rejet de l'humidité contenue dans la résine, mais la vapeur, au fur et à mesure que la gomme s'amollit, change de phase, devient piquante, acide même, une vapeur épaisse vous chatouille l'odorat et vous grise ; sous la pression de la spatule la fusion devient plus complète et si aucune résistance ne se fait sentir...

C'est le moment de retirer le matras du feu, rapidement avec précaution. On incorpore alors, mais peu à la fois, la quantité d'huile nécessaire au vernis, cette huile dégraissée spécialement a été chauffée à part ; la spatule, d'un tour de main, tient en suspension la fusion en facilitant sa liaison avec l'huile ; après un temps de repos pour refroidir ce vernis, on verse en minces filets l'essence de térébenthine : un coup de spatule donne un corps homogène au produit ; on essaie sur un verre si le vernis est *vif* c'est-à-dire limpide, transparent, car dans le cas contraire le vernis n'est pas réussi, ou ne peut servir que pour des travaux ordinaires.

On appelle *galette* dans la fabrication, le vernis qui se durcit dans le matras, lors de l'incorporation de l'huile ou de l'essence.

L'ouvrier intelligent, qui a l'habitude de son feu, évite ce désagrément, car c'est une perte pour le fabricant : la galette refondue ne faisant jamais un bon vernis.

Il était dans l'usage, il y a trente ans environ, de fabriquer soi-même son vernis, et chaque peintre d'alors, avait un *truc* ou un procédé pour le fabriquer dans de bonnes conditions de durée.

Cet usage ne s'est point répandu jusqu'à nous, et aujourd'hui les peintres confient à des fabricants spéciaux le soin de les servir au mieux de leurs intérêts.

Nous devons cependant avouer que les meilleurs fabricants de vernis ont été des peintres en bâtiments ou en voitures, parce que, mieux placés que le spécialiste, ils ont pu de *visu* apprécier, étudier le vernis dans ses applications ainsi que la gomme qui le compose.

III. — Des vernis gras.

Les *vernis gras* sont ceux dont le véhicule est l'huile de lin, ils conviennent aux travaux durables de la carrosserie, des enseignes et de la décoration.

Les résines qui entrent dans leur composition sont également appelées *gommes copales,* elles proviennent de l'Asie, de l'Afrique, de l'Australie et de nos colonies Calédoniennes. Suivant qu'elles sont dures, demi dures ou tendres, les vernis fabriqués avec ces gommes sont plus ou moins solides ; de là, leurs différentes dénominations commerciales : vernis à carrosserie, vernis à devantures, vernis à faux bois, etc.

Les *vernis pour la carrosserie* sont fabriqués avec des gommes de Calcutta et de Bombay, pour les sortes à finir ; le succin ou carabé donne un vernis très dur, mais peu employé aujourd'hui — le Bitume de Judée sert à fabriquer le vernis noir du Japon qui était auparavant une propriété des Chinois et employé par eux dans la composition des laques.

Les *vernis à devantures* sont préparés avec des gommes dures d'Afrique, tandis que pour les vernis destinés à l'intérieur, on emploie les gommes manille, sydney ou kauri.

La gomme est triée, choisie et concassée, les beaux morceaux fournissent la première qualité et les grabeaux sont employés dans la fabrication des vernis ordinaires.

L'huile de lin doit être reposée et rendue siccative par des sels de plomb ou de manganèse, elle devient *vernis d'huile* par une cuisson spéciale.

L'essence de térébenthine est l'agent principal du vernis gras ; elle le rend plus fluide, plus maniable ; son addition dans les vernis est subordonnée à leur emploi ; à l'intérieur, plus grande quantité qu'à l'extérieur.

Les vernis gras sont vendus au moins six mois après leur confec- tion, c'est le temps nécessaire à leur clarification. Un bon vernis gras sèche à l'extérieur en moins d'une journée, et à l'intérieur en quelques heures ; ils doivent être employés tels qu'ils sont livrés, ou pour les rendre fluides dans la saison d'hiver, les faire chauffer légèrement au bain-marie, car ils épaississent sous l'abaissem e n de la température au dessous de $0°$.

IV. — Des vernis à l'essence.

Les *vernis à l'essence* comportent des résines tendres, plus friables, dont la fusion est facile à une température peu élevée et quelquefois à froid dans l'essence de térébenthine.

Les gommes *d'ammar* ou de Batavia forment la base du vernis dit *copal-blanc* et le premier choix fournit celui appelé *cristal*.

L'arcanson et le *galipot* fournissent le vernis de Hollande ; le *mastic en larmes* sert à fabriquer le vernis à tableau, de même que la Térébenthine de Bordeaux et la colophane verre à vitre sont la base de vernis blancs, ayant beaucoup de rapports avec le copal, sans en avoir la solidité.

Le reproche que l'on adresse avec quelque raison aux vernis à l'essence, c'est d'être farineux et de poisser sous le doigt, longtemps après qu'ils paraissent secs. — Ils ne sauraient être employés à l'extérieur, un coup de soleil suffirait pour détruire leur éclat, et appliqués sur des fonds gras, ou non suffisamment secs, ils deviennent poissants avant de sécher complètement.

V. — Des vernis à l'alcool.

Les vernis à l'alcool ne sont plus aujourd'hui en usage dans nos ateliers parisiens, ils servent plus à l'industrie du meuble qu'à la peinture. Cependant dans certaine région du midi on s'en sert encore mélangé avec du blanc de céruse ou de zinc, comme peinture brillante, très dure et excellente pour lambris, panneaux et boiseries ; c'est ce qu'on appelle à Lyon le *vernis au galipot*.

Les gommes et résines employées dans la fabrication des vernis à l'alcool sont : la sandaraque, la térébenthine, la colophane, la gomme laque, le benjoin, la gomme élémie, etc. L'opération peut se faire au bain-marie, n'exige pas autant d'attention que pour les autres vernis ; parmi les plus usités, citons les *vernis à la gomme laque*, dits au tampon, celui à *sculptures* dit au *pinceau*, blond ou blanc, appelé aussi copal, que l'on teinte avec des couleurs d'aniline, en noir, rouge acajou, etc. Les vernis surfins de M. *Sœhnée* sont employés dans la décoration, la dorure et dans l'ébénisterie ; ceux de Messieurs *Chalmel et Cⁱᵉ* rivalisent de qualités avec ces derniers. Le vernis dit à *Bois* dont se servent les emballeurs, s'emploie avec du noir de fumée pour vernir les malles et boiseries.

Nous ajouterons, que la consommation de ces vernis est très importante par suite de leur grande siccativité et des services qu'ils rendent à l'industrie.

VI. — Du vernissage et des pinceaux employés à cet usage.

L'emploi du vernis sur des objets déjà peints a pour objet de donner plus de brillant et de le préserver contre les salissures et les intempéries.

L'opérateur devra donc faire choix d'un bon vernis qu'il appropriera à son emploi : celui le plus transparent, pour des objets de nuances claires ou blanches.

Le vernis doit être appliqué, lorsque la dernière couche de peinture est reconnue bien sèche, afin d'éviter le grippage ou le faïençage des dessous; sur devantures ou parties exposées au soleil, la peinture doit être préparée très maigre ou simplement détrempée avec essence et vernis à polir (flatting) ou bien celui à teintes. — Les fonds bien poncés entre chaque couche, avant de recevoir le vernis. On doit éviter de vernir sur un objet humide et pour l'extérieur choisir un temps bien sec sans trop de soleil ni de poussière (le matin est préférable).

Les *Brosses* qui servent à cet usage sont, pour les vernis gras, celles dé ignées sous le nom de brosses à virole et brosses à vernir; les peintres d'équipages se servent de la *queue de morue* spéciale, bien fournie en soie et connue sous le nom de queue Gérard *(fig. 55)*. C'est à notre avis, le meilleur système employé, cependant, peu apprécié par le peintre en bâtiment; l'ouvrier doit veiller à ce que ses brosses et pinceaux ne laissent pas échapper des soies ou fils sur le vernis, en ce cas les reprendre avec la brosse avant qu'il soit sec.

Le vernis doit être employé à froid, en cas d'épaississement dans l'hiver, le faire chauffer au bain marie; s'il est graissé, ajouter un peu d'essence de térébenthine — pour les vernis gras et à l'essence seulement — et ne jamais ajouter de l'essence à froid, cela materait le brillant du vernis.

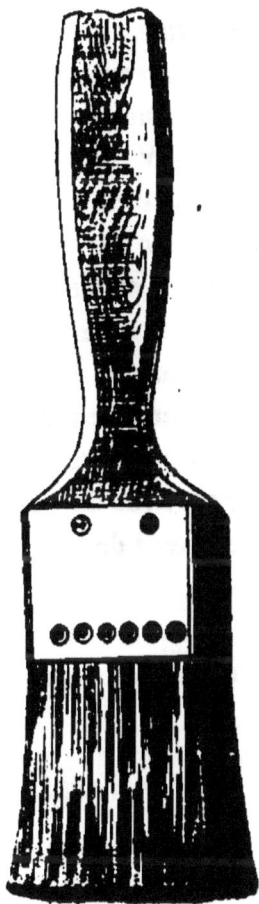

Fig. 55.

Le vernis doit s'étendre à grands traits; promptement et par petites parties; il a besoin d'être manié pour être rendu plus brillant; pour cela, on l'égalise en croisant ses coups de brosse, c'est-à-dire en passant la brosse dans le sens contraire de la couche que l'on vient de donner et l'on revient en le lissant dans le sens opposé : c'est aussi ce que l'on appelle aller et retour ; de cette façon le vernis est ramassé et l'excédent sert pour une autre partie.

L'ouvrier doit aussi veiller à ne rien oublier, autrement ce serait autant de taches qui apparaitraient sur l'objet verni. Lorsqu'on vernit des boiseries naturelles, il convient *d'abreuver* tout d'abord le bois par un encollage, autrement autant d'embus marqueraient les parties spongieuses, où cela nécessiterait une seconde couche de vernis.

Les *vernis à l'alcool* réclament de la part de l'applicateur, un plus grand soin; l'objet doit être bien sec, le vernis est passé avec des blaireaux ou pinceaux en petit gris, en ours ou en chèvre, il faut éviter l'aller et retour, ces vernis séchant instantanément feraient épaisseur par places et l'effet en serait déplorable. — Autant que possible vernir dans une pièce chauffée et éviter les brouillards qui viennent se reproduire à la surface d'un vernis employé sur un objet encore humide ; si cela arrivait, présenter à la chaleur la partie endommagée.

Les pinceaux ayant servi aux vernis, autres qu'à l'alcool, se nettoyent avec de l'essence de térébenthine et ces derniers, simplement avec de l'alcool; si en vernissant, on laissait tomber quelques gouttes de vernis sur les parquets, meubles ou étoffes, il faut de suite enlever ces taches avec un peu d'essence, avant de les laisser trop sécher ou pénétrer plus profondément.

VII — Vernis français comparés aux vernis anglais.

Les peintres et les vernisseurs ont de tous temps cru reconnaître une supériorité aux vernis de fabrication anglaise ; nous leur accordons volontiers qu'il y a quelque vingt ans, les Anglais qui avaient intérêt à laisser subsister cette croyance, ont en effet inondé notre pays de leurs produits, dont quelques-unes cependant avaient une réelle valeur.

Mais ce n'est pas flatter nos compatriotes en affirmant ici que nous sommes malheureusement trop enclins à accorder l'hospitalité à tout ce qui arrive de l'étranger, sans nous enquérir préalablement si notre confiance est ou non bien placée.

On reprochait aux vernis français d'être corsés, d'un emploi difficile, de ne pas sécher, et c'est pourquoi la préférence était accordée à leurs concurrents anglais, lesquels étaient plus fluides et plus souples. La maison Nobles et Hoare qui a commencé à faire connaître ses vernis à la carrosserie, a laissé le champ libre aux autres fabricants qui sont venus, à sa suite, solliciter le peintre et vendre très cher un vernis de qualité secondaire, que nos fabricants auraient vendu avec 40 % de réduction sur les prix.

Il est notoire, que si certains vernis anglais sont encore employés dans la carrosserie et le bâtiment, c'est par habitude ou plutôt par routine ; mais ce qu'on ignore sans doute, c'est que beaucoup de vernis français sont vendus sous un nom anglais de fantaisie, pour lui donner en quelque sorte une valeur commerciale et, que ceux qui achètent, convaincus qu'ils sont de leur authenticité, leur trouveraient, sans doute, quelque défaut s'ils apprenaient leur lieu d'origine. Ce n'est pas que nous voulions prétendre que tous les vernis anglais appartiennent à cette catégorie ; il en est dont l'authenticité n'est pas contestable, et notre intention n'est pas de les viser ; mais il ne s'en suit pas non plus, que nos fabricants français, et pour ne citer que les principaux : MM. Levainville et Rambaud, Tugot frères, Camille Arnould, Malleval et Routtand, Lecler et Cie, Hartog et Cie, etc., ne peuvent soutenir la concurrence étrangère : ce serait contraire à notre patriotisme et à la vérité.

L'outillage français ne le cède en rien à celui des Anglais, les gommes sont identiquement les mêmes, les huiles proviennent de nos départements du Nord, l'essence est indigène. Nous sommes donc aussi bien, pour ne pas dire mieux placés que les fabricants anglais ; on soutiendra peut-être que, plus fortunés, ces derniers peuvent emmagasiner une quantité plus importante d'huile, et que, par conséquent, ils sont à même de préparer des vernis supérieurs aux nôtres ; c'est là une erreur, et il est temps d'éclairer l'acheteur contre l'abus que l'on fait des vernis anglais ou vendus comme tels.

Non, ces vernis ne sont pas de qualité supérieure à nos vernis français, nous dirons même, sans crainte d'être contredits, qu'ils ne les valent pas, et, comme preuve à l'appui, nous affirmons que certains fabricants français que nous pourrions nommer, exportent de leurs vernis, même en Angleterre.

Les vernis français ne sont pas livrés au commerce avant six mois de dépôt ; et si nous étudions comparativement les deux vernis exposés à la même température, nous reconnaîtrons que le nôtre s'est bien maintenu, sans gercer, sans boursoufler, tandis que le vernis anglais a varié quelque peu ou blanchi, ou bleui, à la même exposition. Nous avons été pour notre part, pendant long-temps, partisans convaincus de la supériorité des vernis anglais sur les nôtres ; si cela nous coûte de confesser ici, que nous nous sommes trompés, nous devons ajouter, que les fabricants français ont compris qu'il était de leur dignité de reprendre, sur le marché français, la place qu'ils ont occupée auparavant et, c'est en fabri-

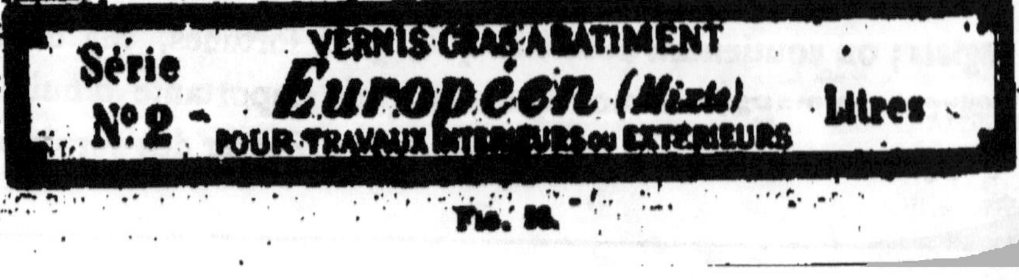

Fig. 32.

quant bon et beau, qu'ils conserveront leur supériorité qui ne leur sera plus contestée à l'avenir.

Nous avons réuni sous une marque qui nous appartient, différentes sortes de *vernis supérieurs* de fabrication française provenant des meilleures fabriques, car nous avons la certitude que la qualité, le brillant et la durée seront appréciés par le praticien ; ces vernis se divisent en trois séries : n° 1 pour *carrosserie*, n° 2 pour *bâtiment*, n° 3 pour l'*industrie* ; nous donnons ci-contre le dessin de l'étiquette (marque au drapeau) ainsi que le prix-courant.

Série N° 1 **A CARROSSERIE**	Litre	
Surfin à finir pour caisses.......	6	50
N° 1 à finir pour caisses et trains..	5	50
N° 2 à finir ou trains n° 2........	4	25
Spécial à polir (Flatting).	3	50
Noir Japon n° 1 (à caisse)........	4	50
— n° 2 (à ferrures).......	3	25
Colle d'or....................	4	25
N° 3 à carrioles,..............	3	»
Spécial à teintes	2	75

Série N° 2 **A BATIMENT**	Litre	
Surfin à devanture (extérieur)...	5	»
N° 1... — —	4	50
N° 2... — —	4	»
N° 3... — —	3	50
Européen (mixte) int. et extér...	3	»
Surfin à décoration (intérieur)....	4	»
N° 1... — —	3	50
N° 2... — —	3	»
N° 3... — —	2	50
Blanc copal cristal (à l'essence)...	4	»
— — surfin —	3	50
— — N° 1 —	3	»
— — N° 2 —	2	50

Série N° 3 **A INDUSTRIES**   Litre

	Litre	
Vernis siccatif à plancher........	2	»
— Noir Japonais pour tôle...	1	75
— Industriel de couleurs.....	2	25
— Noir pour plinthes........	2	»

Logement perdu en bidons de 5, 10, 25 et 50 litres.

0 fr. 25 en sus pour Potiches ou Bidons moins de 5 litres.

CHAPITRE XII

HYGIÈNE DU PEINTRE — EMPOISONNEMENT PAR LE PLOMB, PAR LE MERCURE, PAR
L'ARSENIC — REMÈDES A APPORTER — CONSEILS D'UN PEINTRE — TRAVAUX A
LA COLLE — TRAVAUX A L'HUILE — VERNISSAGE.

I — Hygiène du peintre (1).

Sous cette rubrique nous allons faire une étude toxicologique
des couleurs minérales employées par le peintre en bâtiments.

Les principales couleurs usitées sont :

Blanc de céruse et de zinc.

Bleu d'Outremer, de *Prusse*, de *Cobalt* et *d'azur* (Smalt).

Jaune de Naples, de *chrôme* et *Orpiment*, *Ocre jaune*.

Verts Guignet, *Rinmann*, de *Schéele*, *Schweinfurt*, *Verdet*, *Vert
de plomb*, *Vert de zinc*.

Minium, *Mine orange*, *Vermillon*, *Ocre rouge*.

Terre d'ombre, de *Sienne*, de *Cassel*.

Noir d'os et *d'ivoire*, *Noir de fumée*, noir *Végétal*.

Parmi ces couleurs, les unes sont de violents poisons, quelques
autres sont à peine vénéneuses, le reste enfin d'une innocuité complète. Dans la première série, nous placerons la *Céruse*, le *Smalt*,
tous les *jaunes*, moins l'ocre, les *Verts de Schéele* et de *Schweinfurt*,
enfin le minium, la mine orange et le vermillon. Dans les substances peu vénéneuses, nous rangerons le *Blanc de zinc* et le *Vert Rinmann*, et contrairement à certains chimistes qui en font un violent
poison, le verdet ou *Vert de gris*. Il est, en effet, bien démontré, pour nous, que les sels de cuivre ne sont pas à proprement

---

(1) Cette étude sur l'hygiène du peintre a été faite pour notre ouvrage par M. Chiendard,
pharmacien de 1er classe, ex-interne, lauréat des hôpitaux de Paris, licencié es-sciences, etc.

parler, des toxiques, et qu'ils peuvent tout au plus occasionner des coliques.

Le *Vert Rinman* et le *Blanc de zinc* sont, comme la plupart des composés de ce métal, assez peu vénéneux pour que, dans la pratique, on les considère comme inoffensifs ; nous ne nous en occuperons donc pas davantage. Quant à ceux que nous avons rangé dans la première catégorie, ce sont tous de dangereux poisons, qui doivent leur action malfaisante au plomb, au mercure ou à l'arsenic, dont ils dérivent.

1° Les dérivés du plomb sont :

Le carbonate de plomb (céruse). L'antimoniate de plomb (jaune de Naples). L'oxychlorure (jaune de Cassel). Le chromate (jaune de chrome). Enfin divers oxydes (minium, orange, litharge, massicot).

2° Le mercure est la base du vermillon (sulfure).

3° Enfin l'arsenic entre dans la composition de l'orpiment, du smalt et des verts de Scheele et de Schweinfurt.

Notre étude se résumera donc à l'examen des accidents que peut amener dans l'organisme la présence du plomb, du mercure ou de l'arsenic, et à l'indication des moyens hygiéniques et des remèdes qu'il faut employer pour éviter ou guérir l'intoxication.

II — Empoisonnement par le plomb.

Lorsque le composé plombique a été absorbé en grande quantité, son introduction dans l'économie provoque immédiatement des nausées puis des vomissements et de violentes coliques ; l'haleine devient fétide, les gencives se bordent d'un liseré bleuâtre, enfin la mort peut venir quatre à cinq heures après l'ingestion du poison au milieu d'affreuses convulsions.

Tels sont les caractères de l'empoisement aigu. On le combat, lorsqu'on le constate à temps, par du sulfate de soude ou de magnésie, qui forme avec le plomb un composé insoluble qu'on expulse par un vomitif : on achève l'élimination du poison en administrant un purgatif drastique : huile de ricin additionné de deux gouttes d'huile de croton.

Les peintres ont rarement à redouter l'empoisonnement que nous venons de décrire, mais, en revanche, ils sont souvent, à leur insu, sous l'influence d'une lente intoxication dont les symptômes sont les suivants : amaigrissement, grand abattement, constipation avec coliques, douleur dans les jointures, gonflement du dos de la main, paralysie des muscles des poignets, enfin, présence de l'albumine dans l'urine et au bout d'un temps plus ou moins long, la mort. — Le poison attaque, en effet, plusieurs organes essentiels, le cerveau, la moelle épinière, le foie, les nerfs et les muscles où se rendent les terminaisons nerveuses.

Divers remèdes ont été proposés ; dès 1843, M. *Melsens*, médecin belge, a recommandé l'iodure de potassium qui, en même temps qu'il assure l'élimination du plomb, peut guérir les accidents de paralysie ; en 1867, M. *Didier-Jean*, directeur de la cristallerie de Saint-Louis, près de Sarreguemines, préconisa l'emploi du lait comme préventif.

Le *traitement curatif* comprendra donc :

1º Des bains de Barèges artificiels plusieurs fois par semaine (125 gr. sulfure de potasse par bain.)

2º Quatre à cinq grammes de fleur de soufre mêlés avec un peu de miel, le matin à jeun.

3º Un gramme d'iodure de potassium (la dose pourra être augmentée) par jour.

4º Lait à volonté pour étancher la soif.

Si le malade ne pouvait supporter le lait, on lui donnerait comme boisson de la limonade sulfurique (2 grammes par litre); on complètera par un purgatif tous les dix ou quinze jours ; on évitera le déchaussement des dents par l'emploi journalier d'une solution de chlorate de potasse (30 grammes de sel par litre en gargarismes).

Les ateliers doivent être largement aérés, les ouvriers doivent recourir à des lavages fréquents des mains et du visage et prendre des bains sulfureux tous les huit jours ; ils devront avoir des vête-

ments de travail qui ne quittent pas l'atelier et changer soigneusement de blouse et de pantalon au moment d'aller prendre leurs
repas (il est bien évident qu'aucun aliment ne doit être consommé
dans l'atelier).

Comme alimentation, éviter surtout les boissons alcooliques et
les aliments acidulés par le vinaigre, user, par conséquent, très
modérément de salade ; ne pas craindre au contraire de saler fortement les mets et enfin de boire du lait à satiété.

Plus d'un de nos lecteurs, nous en sommes bien convaincus,
trouvera nos craintes chimériques et, en admettant tout ce qui
précède pour les ouvriers cérusiers, se croira, pour son propre
compte, parfaitement à l'abri des accidents que nous signalons.

Il est vrai que, depuis l'introduction dans la pratique des céruses
broyées à l'huile, le danger est beaucoup moindre, mais il n'a pas
pour cela disparu ; il se représente et avec toute sa gravité lorsque
le peintre, avant d'exécuter de nouveaux travaux, gratte des peintures sèches ; dans ce cas, les poussières produites par l'action du
grattoir, se disséminant dans l'air ambiant, s'introduisent dans les
voies respiratoires et l'empoisonnement est certain. Lorsque ces
grattages doivent s'effectuer dans une chambre mal aérée, nous
n'hésiterons pas à recommander aux ouvriers l'emploi d'un masque
léger, qui constituerait assurément le meilleur système préventif.
A défaut de ce masque, qu'ils prennent au moins bonne note de
toutes les recommandations que nous faisons aujourd'hui, ils y
sont, ce nous semble, fortement intéressés.

III. — Empoisonnement par l'arsenic.

L'absorption des composés arsenicaux détermine un empoisonnement immédiat dont les caractères sont les suivants : Irritation
très vive à la gorge, soif ardente, nausées, vomissements, syncope
et mort après quelques heures de souffrances. Le meilleur antidote,
dans un empoisonnement de cette nature est l'hydrate ferrique

récemment préparé, ou, à son défaut, une bouillie de magnésie calcinée.

Si l'arsenic a été absorbé petit à petit, on a un empoisonnement lent ; c'est surtout ce dernier que les peintres ont à redouter, lorsqu'ils manient fréquemment les *Verts de Scheele* et de *Schweinfurt ;* dans ce cas, on observe chez le malade un amaigrissement prononcé, des vomissements fréquents, des éruptions sous-cutanées, et même de la conjonctivité (inflammation de la membrane de l'œil appelée conjonctive).

Comme traitement, nous conseillons l'emploi de boissons diurétiques alcooliques et l'iodure de potassium à petite dose.

IV — Empoisonnement par le mercure.

Les composés mercuriques sont tous de violents poisons. *Le vermillon* n'est pas, à beaucoup près, aussi vénéneux que le sublimé corrosif ou le mercure lui-même ; pourtant, il serait imprudent d'en absorber même une petite quantité. — Les empoisonnements par le mercure peuvent affecter deux formes : l'empoisonnement aigü et l'empoisonnement lent.

Dans le premier cas, les symptômes sont les suivants : nausées, vomissements, diarrhées, douleurs de ventre, brûlure dans la gorge et dans l'estomac, haleine fétide, salivation abondante, enfin mort en 24 heures. Dans l'intoxication lente, qui est à redouter chez les ouvriers doreurs ou étameurs de glaces, on constate d'abord un gonflement des gencives bientôt suivi d'une ulcération blanchâtre, une salivation abondante, puis des accidents plus graves : névrose maxillaire, tremblement général et convulsions épileptiformes.

De tous les contre-poisons, le meilleur est le blanc d'œuf suivi d'un vomitif, dans l'empoisonnement aigu, ou l'iodure de potassium, dans l'empoisonnement lent.

Le lait sera une bonne addition à ce traitement. Pour terminer cet article sur le mercure, signalons à nos lecteurs un produit qu'on met trop souvent entre les mains des enfants : cette substance blanche d'apparence inoffensive, dont la combustion produit les *serpents de Pharaon* ; ce produit. qui n'est autre que sulfocyanate de mercure, émet des vapeurs extrêmement dangereuses à respirer.

V — Conseils d'un peintre (1).

Au début d'un travail (entretien ou neuf) le peintre doit noter sur un registre ad-hoc, les marchandises, outillage et matériel qu'il remet à son chef d'atelier, afin d'établir son prix de revient et connaître le bénéfice que ce travail lui procure. — L'outillage doit être rendu par l'ouvrier à la fin du travail et celui-ci est responsable de ce qui lui a été confié par son patron.

Dans l'exécution d'un travail qui doit s'enlever, le chef d'atelier devra être intéressé, il y aura, de cette façon, économie de temps et du profit pour tous deux.

Le chef d'atelier doit apporter toute son attention à une intelligente distribution du travail suivant la capacité des hommes qu'il dirige, et viser à éviter toutes fausses manœuvres qui sont une perte sèche pour le produit de son atelier. Il doit être ponctuel pour l'heure d'arrivée à l'atelier et les heures de repas, et impartial envers les ouvriers qu'il a sous ses ordres, afin d'avoir le droit d'être écouté et respecté.

Il acquiert de l'autorité lorsque, sans se targuer d'être supérieur à ses camarades, il leur démontre par sa bonne direction qu'il est apte à les diriger.

Le chef d'atelier doit prendre exactement des notes qui le mettent en mesure de faire métrer et tenir régulièrement sa feuille de paye pour éviter les complications de comptabilité que donne une feuille de paye mal tenue.

---

(1) Ces conseils sont en partie puisés dans une brochure intitulée : *Conseils aux ouvriers et chefs d'ateliers*, par M. Lenoir.

VI — Travaux à la colle.

1° Lorsque l'on fait des peintures à la colle sur des peintures à l'huile fraîchement faites, il faut attendre que ces dernières soient bien sèches ; si l'on ne prend pas cette précaution, les peintures à l'huile et tous les coups de brosse forment des nuances grises et blanches des plus désagréables.

2° Il est d'usage que, lorsque l'on fait des peintures à la colle sur vieux plafonds et vieux murs, l'on se sert généralement de colle double. Il faut donc pour les encollages, avoir soin de couper la colle avec moitié d'eau, parce que les encollages à colle trop forte forment émail et empêchent la couche de teinte de gripper sur l'encollage.

3° La couche de teinte à la colle, pour plafonds et murs sur encollages ci-dessus indiqués, doit être suffisamment nourrie de colle, afin que, rendue moelleuse par une dose de colle bien raisonnée, elle ne soit pas âpre sous la brosse et puisse se lier à l'encollage.

4° Une teinte de plafond bien préparée doit, lorsque les plâtres ne sont pas roux, produire de beaux plafonds. — En préparant l'encollage et la teinte de plafond ainsi qu'il est dit, on aura bien rarement des peintures qui écailleront, on évitera les réfections de plafonds et les reproches des personnes étrangères à la pratique du métier, qui sont toujours disposées à croire que les peintures à la colle qui écaillent sont de mauvaise qualité.

VII — Travaux à l'huile.

5° Le chef d'atelier ne doit jamais tenir compte de la vieille coutume des camarades d'échelles qui, en beaucoup de cas, se gênent l'un de l'autre.

Pour les petites hauteurs, ne jamais mettre deux ouvriers à la même échelle, à moins que ce ne soit pour faire des plafonds, des grandes parties de murs, des corniches où deux ouvriers puissent se mouvoir facilement et aient chacun une part égale de travail à faire.

Pour toutes les portes et croisées n'exigeant qu'une échelle de 3 mètres, il ne doit jamais être placé qu'un seul ouvrier, parce que le travail qui se fait sur portes et croisées n'est pas assez courant pour y placer deux ouvriers qui se gênent dans leurs mouvements.

6° L'ouvrier peintre doit toujours avoir dans les mains deux brosses, dont une dite d'un pouce, son camion de teinte doit être tenu proprement, tant à l'extérieur qu'à l'intérieur ; la brosse ne doit prendre de la teinte que la quantité nécessaire et l'excédent doit être essuyé avec celle du pouce et non sur le bord du camion. Il doit éviter, autant que possible, de salir le manche de sa brosse et le gratter immédiatement, par mesure d'hygiène.

7° Il doit, autant que possible, donner les deux dernières couches dans le même ton, principalement lorsque les tons sont composés avec des couleurs fines, ce qui leur donne plus d'accès à gazer. Il en est de même pour les champs se détachant bien des panneaux.

8° Lorsque l'on donne plusieurs couches de peinture à l'huile ordinaire, il faut que la dernière couche soit donnée plus forte que l'avant dernière, afin de mieux égaliser l'aspect demi-brillant que l'on veut donner aux peintures.

9° Dans les travaux soignés, on cherche généralement à obtenir des fonds mats. Pour ces travaux, il n'y a pas d'inconvénients à ce que la dernière soit donnée moins forte que l'avant-dernière, à la condition que les rebouchages soient faits avant la première couche, si l'on en donne deux, et avant la deuxième si l'on en donne trois.

10° On ne doit jamais reboucher avec des mastics blancs sur des couleurs de bois ou tons foncés qui doivent être repeints dans les mêmes tons et à une seule couche. En opérant ainsi, on emploie plus de temps en cherchant à couvrir les mastics et on n'obtient pas un résultat aussi satisfaisant que lorsque les mastics sont à peu près dans les mêmes tons à repeindre.

11° Il est indispensable de bien observer que, lorsque l'on ponce des enduits, on ne doit les poncer que pour enlever les grains et les bar d'enduits laissés par l'enduiseur. Trop poncer les enduits, c'est perdre inutilement le temps et nuire au travail.

En abusant du ponçage on polit et on graisse les enduits, et lorsqu'ils ne sont pas bien durs, on les fait plisser ; or, tout praticien sait que les enduits plissés sont bons à recommencer.

13° Une sérieuse attention doit être apportée à ce qu'il ne soit pas fait d'abus de la brosse plate à laquelle on fait souvent remplir l'office de blaireau, sans s'en servir trop longtemps à la même place, c'est nuire au but que l'on veut atteindre ; on fait briller la teinte au lieu de la faire mater et on use son temps sans profit pour personne. Il arrive même, lorsqu'il y a abus de brosse plate, que l'on pelotte les peintures, ce qui oblige à donner une couche supplémentaire, après avoir fait un ponçage préalable.

13° Le temps employé à tamiser une teinte douteuse n'est jamais perdu, le temps passé à cette opération est légèrement retrouvé par une plus grande facilité dans l'emploi de la teinte qui se trouve en partie dégraissée par le tamisage et aussi par le temps qui n'est plus passé par les ouvriers à retirer des surfaces qu'ils peignent les peaux .qui se trouvent appliquées en même temps que la peinture.

VIII — Vernissage.

14° Bien qu'en principe on ne doive pas couper le vernis, il faut pour bien vernir que le vernis soit maniable et souple sous la brosse et qu'il puisse être étendu sans trop d'efforts.

Les additions d'huile ou d'essence dans un vernis doivent se faire avec une grande réserve, parce que ces deux liquides altèrent la qualité du vernis, c'est pourquoi il est de règle que, lorsque le vernis s'étend facilement, il doit être employé pur.

Le vernissage doit toujours se faire avec soin, parce qu'il ne faut pas oublier que le vernis bien employé est à la peinture ce que le beau tissu est à la trame de l'étoffe.

15° Il est utile de tamiser les vernis lorsqu'il y a longtemps que les bidons sont en vidange ; les transvasements de camions en bidons et égrenures de bouchons nécessitent cette précaution.

CHAPITRE XIII

I — Du peintre artiste.

Le peintre en bâtiment étant aussi un peu artiste par tempérament, nous avons pensé qu'il aurait plaisir à connaître quelques préceptes concernant l'art de peindre des tableaux, ou de dorer sur cadres, meubles et panneaux ; c'est du reste un complément de sa profession, l'amateur y trouvera également des notions pratiques et de précieux renseignements.

On désigne par peintre artiste, celui qui peint des tableaux, des paysages, des marines, etc., qui reproduit sur la toile et avec son pinceau la nature vivante ou la nature morte.

La toile à peindre doit être serrée et autant que possible sans grains ; après l'avoir étendue sur un châssis et clouée sur les rebords avec des petits clous appelés *semences*, on la prépare 1° Par un fort encollage (colle de peau tiède) de façon à boucher les pores ; cette opération a pour but d'empêcher que la couleur ne passe au travers de la toile. — 2° La couche de colle étant sèche, on ponce légèrement pour abattre et user les fils qui ne sont pas fixés ; on se sert d'une pierre ponce préalablement usée et présentant une surface plane. — 3° On étend ensuite au couteau une forte couche de céruse, mêlée de litharge, et détrempée avec un peu d'huile de lin ; — on peut également ajouter une pointe de noir pour donner une teinte grise à la toile, puis la couche d'enduit étant sèche, on promène à nouveau la pierre ponce et la toile est préparée. On trouve chez les marchands de couleurs, des toiles tendues sur châssis, ou au mètre, en qualités ordinaires ou fines, nous donnons un aperçu des dimensions et des prix :

TOILE TENDUE SUR CHASSIS ORDINAIRE

POUR PAYSAGE — POUR TÊTE

N°	Dimens.	Prix	N°	Dimensions	Prix	N°	Dimens.	Prix	N°	Dimensions	Prix
1	22 × 14	» 50	15	65 × 49	2 »	1	22 × 16	» 50	15	65 × 54	4 »
2	24 × 16	» 60	20	73 × 54	2 50	2	24 × 19	» 60	20	73 × 60	» »
3	27 × 19	» 70	25	81 × 60	3 »	3	27 × 24	» 70	25	81 × 65	» »
4	33 × 22	» 80	30	92 × 65	3 50	4	33 × 24	» 80	30	92 × 73	» »
5	35 × 24	» 90	40	100 × 73	4 25	5	35 × 27	» 90	40	100 × 81	» »
6	41 × 27	1 »	50	116 × 81	5 »	6	41 × 32	1 »	50	116 × 89	» »
8	46 × 33	1 20	60	130 × 89	6 »	8	46 × 38	1 20	60	130 × 97	» »
10	55 × 38	1 50	80	146 × 97	8 »	10	55 × 46	1 50	80	146 × 113	» »
12	61 × 46	1 80	100	162 × 113	10 »	12	61 × 50	1 80	100	162 × 130	» »

La nomenclature des couleurs employées est assez complète, elle comprend toutes les couleurs suivantes livrées en tubes d'étain à fermeture hermétique :

	ordin.	N° 8		ordin.	N° 8
Bistre	» 20	» 60	Noir d'ivoire	» 20	» 60
Bitume	» 20	» 60	Noir de pêche	» 20	» 60
Blanc d'argent	» 30	» 60	Noir de vigne	» 20	» 60
Blanc de plomb	» 25	» 50	Ocre brune	» 20	» 60
Blanc de zinc	» 25	» 50	Ocre jaune	» 15	» 60
Bleu de cobalt	» 60	—	Ocre rouge	» 15	» 60
Bleu minéral	» 20	1 20	Ocre de ru	» 15	» 60
Bleu de Prusse fin	» 30	2 »	Outremer N° 1	» 45	2 50
— — ordinaire	» 25	1 25	Outremer N° 2	» 35	2 »
Brun rouge	» 15	» 60	Rouge indien	» 25	1 50
Brun de Van Dyck	» 25	» 75	Rouge Van Dyck	» 15	» 60
Carmin de garance	1 05	—	Stil de grain brun	» 30	—
— fin	1 »	—	Stil de grain jaune	» 15	» 60
Indigo	» 45	—	Terre de Cassel	» 15	» 60
Jaune brillant	» 25	1 50	— de Cologne	» 15	» 60
Jaune de cadmium 1, 2, 3	1 »	—	— d'Ombre naturelle	» 15	» 60
Jaune de chrome N° 1, 2, 3	» 25	1 50	— d'Ombre brûlée	» 15	» 60
Jaune indien	» 65	—	— de Sienne naturelle	» 15	» 60
Jaune de Naples	» 20	1 25	— de Sienne brûlée	» 15	» 60
Laque anglaise	» 75	—	Terre verte	» 20	1 25
Laque brûlée	» 45	—	Vermillon français	» 35	2 »
Laque carminée fine	» 35	2 »	Vermillon anglais	» 35	2 »
Laque ordinaire	» 25	1 25	Vermillon de Chine	» 45	2 50
Laque de garance rose	» 65	—	Vert anglais 1, 2, 3	» 30	1 50
Laque jaune	» 30	1 50	Vert de chrome	» 45	3 »
Laque verte	» 30	—	Vert émeraude	» 45	3 »
Laque violette	» 30	—	Vert-de-gris	» 35	2 »
Laque Robert N° 1	» 50	—	Vert minéral	» 30	1 50
Laque Robert N° 2	1 »	—	Vert de Schéele	» 30	» »
Minium	» 25	1 25	Vert de Véronèse	» 25	1 25
Noir de bougie	» 45	—	Violet de mars	» 45	—

L'outillage comprend un *chevalet*, un *appui-main*, un flacon huile de lin, un flacon huile d'œillette ou huile clarifiée, un flacon siccatif Harlem, ou de Courtrai, un flacon essence térébenthine rectifiée, un flacon vernis à retoucher (à tableaux n° 3 de Sœhnée), un flacon de vernis à tableaux au mastic en larmes, une palette carrée ou ovale, un pincelier, un godet double, quelques brosses à tableaux rondes et plates, quelques brosses en martre courtes de poils, un couteau à palette, une boîte d'atelier ou de campagne, un siège, etc.

Le peintre artiste doit savoir dessiner afin de reproduire par des lignes les objets qui s'offrent à sa vue, il doit connaître les principes élémentaires du *dessin* et du *clair obscur*, autrement, il ne saurait peindre ; la colorisation donne la vie au portrait et au paysage.

Indépendamment de leur colorisation particulière, chaque couleur porte en elle son degré d'intensité lumineuse ; les plus obscures, notamment les *terres*, le *bitume* et le *bistre*, remplissent dans la peinture le rôle des crayons dans le dessin.

Une couleur fixe produit une peinture durable, mais il faut aussi qu'elle soit belle, et pour qu'une peinture réunisse ces qualités, il faut que la matière colorante soit franche dans sa colorisation opaque ou transparente.

Une matière colorante opaque et terne ne donne que des mélanges faux et lourds, il en est de même pour les matières colorantes d'une transparence louche.

Pour faire de la peinture bien nourrie et achevée, il convient de procéder par *ébauche* et ensuite par *achèvement*.

La *palette* se compose de blanc, jaune de chrôme ou de Naples, ocres jaune et rouge, vermillon, laque de garance et carmin, bleus d'outremer et de Prusse, bitume, verts de chrôme et de Véronèse. La palette se tient à la main et maintenue par le pouce, elle s'appuye contre le corps. Les couleurs sont placées les unes à côté des autres par petits tas, ne se touchant pas, les plus claires près du pouce, le milieu et le bas de la palette servent à faire les teintes avec le couteau à palette.

Lorsque le dessin est terminé, l'on procède à l'*ébauche* en employant deux tons pour chaque couleur locale, un ton général pour les parties éclairées, un autre ton général pour les ombres.

La partie éclairée sera toujours opaque par sa propre nature tandis que les tons d'ombre, qui sont obtenus par des couleurs transparentes, devront, quelque soit l'intensité qu'ils acquèreront finalement, être rendus assez opaques par l'addition de couleurs claires pour couvrir le fond blanc sur lequel ils sont appliqués.

L'ébauche terminée, on racle les aspérités les plus saillantes et l'on passe à l'achèvement.

Si, le tableau terminé, une partie est à retoucher, on se sert du vernis à retoucher (n° 3) ou de la pâte siccative, après avoir gratté les aspérités saillantes et l'on repeint en pleine pâte de couleur comme sur l'ébauche. Le *glacis* se fait avec bitume, bleu outremer et laque de garance employés purs ou mélangés, selon la nuance à obtenir.

Lorsque le tableau est terminé, on lui donne une couche légère de vernis à tableau, qui maintient l'harmonie des tons et empêche leur altération, au contact de l'air.

Pour un débutant, le *pantographe* vient en aide pour l'agrandissement ou le rétrécissement d'un dessin, en lui conservant ses dimensions géométriquement exactes ; la *photographie* est aussi un collaborateur utile, que ne dédaigne pas le véritable artiste.

Nous procédons à la colorisation.

Couleur chair : blanc de plomb, vermillon et carmin. — Un peu de jaune de Naples pour la carnation de l'homme, un peu de bleu et de brun rouge pour vieillard.

Draperies : Laque, carmin, blanc.

Linge, Verrerie : du blanc, un peu de bleu.

Gris : blanc et noir d'ivoire.

Gris de lin : blanc, laque et bleu.

Gris perle : blanc et bleu.

Couleur de feu : vermillon, carmin, blanc.

Ou vermillon, carmin, jaune de chrôme.

Rose : carmin, vermillon, blanc.

Violet : laque, bleu de Prusse, blanc.

Lilas : blanc, laque et un peu de bleu.

Verts : chrôme et bleu ou verts de chrôme, anglais, minéral et Véronèse — du blanc pour éclaircir, du noir ou bitume pour foncer.

Bleus : bleu de Prusse et blanc ou outremer et blanc.

Jaunes : rotin ou osier — stil de grain jaune, jaune de chrôme, blanc.

Chamois : blanc, vermillon, jaune de Naples, ocre jaune.

Souci ou aurore : chrôme, vermillon, blanc.

Ton d'or : blanc, chrôme, jaune de Naples.

Olive : noir et jaune ou Sienne.

Bruns : ombre calcinée, Cassel, bitume.

Le bois : ombre naturelle, ocre jaune et rouge.

La terre : ombre, blanc et ocre jaune.

Marron : ocre rouge, noir, ombre.

L'acier : blanc, bleu et noir.

L'eau : vert Véronèse, blanc, bleu.

Le ciel : blanc, bleu, stil de grain jaune.

Les lèvres : en vermillon et laque.

Lorsque, par suite d'erreur, une couleur a été mise au lieu d'une autre, effacer en trempant le pinceau dans de l'essence et essuyer avec un chiffon sec.

Lorsque le peintre cesse de travailler, il doit nettoyer sa palette afin d'éviter les croûtes qui se forment sur les couleurs en séchant; pour cela, il doit les recueillir avec le couteau à palette et essuyer la palette avec un chiffon imbibé d'essence. — Les pinceaux lavés sont graissés avec du suif pour les conserver doux à l'emploi ou laissés dans un pot contenant de l'essence de térébenthine — la plus grande propreté doit présider à l'entretien de l'outillage artistique.

II — Du peintre doreur.

Le doreur est l'ouvrier chargé de dorer à la feuille les cadres, les meubles, les enseignes, les panneaux, etc. Bien qu'il fasse profession à part, le peintre est souvent chargé de ce travail, qu'il exécute comme il sait, n'ayant pas sous sa main d'ouvrier spécial. C'est pour venir en aide à l'ignorant ou à l'amateur que nous allons passer en revue les différentes manières de dorer à l'eau ou à l'huile.

L'outillage du doreur comprend les *pinceaux à mouiller* (fig. 56)

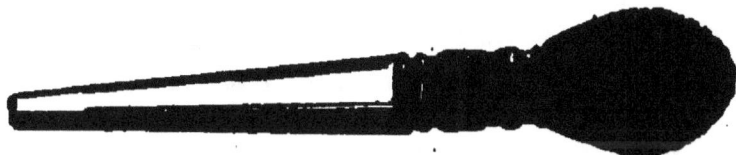

FIG. 56.

sorte de pinceaux en petit-gris de différentes grosseurs (à une, deux, trois ou quatre plumes), qui sont employés pour humecter la partie assiettée qui doit recevoir l'or.

Les *pinceaux à ramender* en petit gris et formant un peu la pointe servent à réparer avec des parcelles d'or, les manques ou cassures qui sont observés dans le travail.

La *palette à dorer* (fig. 57), qui est faite de poils de blaireaux en-

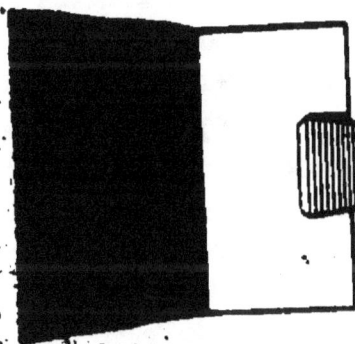

FIG. 57.

FIG. 58.

manchés dans une carte, sert à happer la feuille d'or et à la poser sur l'objet; pour prendre la feuille d'or, le doreur passe d'abord la

Fig. 59.

palette sur sa joue et l'or posé, il souffle dessus avec l'haleine pour bien l'étendre ; la palette est emmanchée dans un pinceau, dit *pinceau doux à palette (fig. 58)*, qui sert après avoir étendu l'or à appuyer la feuille. Le *coussin à dorer (fig. 59)* est une planche de plusieurs dimensions, recouverte d'une peau de veau, bien douce, préparée spécialement et aux trois bords de laquelle planche est clouée une feuille de parchemin qui maintient l'or, contre le vent ou seulement l'haleine. On se sert d'un couteau spécial pour couper l'or *(fig. 60)*; la *pierre à brunir (fig. 61)* ou le brunissoir est une sor-

Fig. 60.

te de pierre hématite, ayant la forme de *dent* de *loup* qui sert à brunir ou lisser la dorure après qu'elle a été appliquée sur l'assiette; on

Fig. 61.

se sert aussi de brunissoirs en acier poli de formes diverses. — Les substances employées par le doreur sont : l'*assiette à dorer*, qui sert à asseoir l'or, est composée de sanguine, bol d'Arménie, d'huile d'olive le tout broyé à l'eau et séché sous forme de petits pains; on le trouve préparé chez les marchands de couleurs, de même que le *vermeil* dans la composition duquel il entre rocou, gomme-gutte, vermillon, sang de dragon, et cendres gravelées, bouillis dans quantité d'eau suffisante. On ajoute au moment de l'emploi une dissolution de gomme arabique : cette composition donne du feu, du reflet à l'or.

La *mixtion à dorer* est une sorte d'huile cuite préparée spécialement pour la dorure à l'huile ; celle vendue sous le nom de *mixtion*

Lucas est considérée la meilleure ; on accélère sa siccité avec un peu de siccatif oriental liquide, on retarde avec un peu d'huile de lin ; il convient de choisir le moment où la mixtion a de l'amour pour y apposer la feuille d'or ; une mixtion trop grasse altère l'or, une mixtion trop sèche ne retient pas l'or, c'est donc à l'opérateur à surveiller son travail pour éviter du temps perdu et fausse manœuvre.

Le *vernis à la gomme laque*, autrement dit vernis au tampon, se fait à froid avec 120 grammes de gomme laque blonde dans un litre de bon alcool, il sert à dégraisser ou plutot à arrêter une partie grasse sur laquelle on mixtionne.

La *dorure à l'eau* exige la compétence et beaucoup d'attention ; elle n'est guère employée que sur des cadres ou sur bois, devant rester dans l'appartement. Avant de dorer, le cadre doit subir plusieurs préparations et les principales consistent à *encoller, blanchir, reboucher, passer à la peau de chien, adoucir, poncer, réparer, dégraisser, prêler, jaunir, égrainer, coucher d'assiette, frotter, dorer*, etc.

L'or employé, est en feuilles contenues dans une sorte de petit livre appelé *livret*, qui en contient vingt-cinq feuilles ; le mille d'or comprend quarante livrets. — Le batteur d'or fournit plusieurs sortes d'ors : *or jaune fort, or demi-jaune, or vert, or rouge* ; le prix diffère suivant l'épaisseur, de 60 à 80 francs le mille.

Au moment de travailler, l'or est vidé sur le coussin que l'on tient par le pouce, comme pour la palette du peintre, l'ouvrage est mouillé avec le pinceau à mouiller, l'eau doit être claire et fraiche et l'on ne doit mouiller que les parties devant recevoir l'or. Les fonds seront dorés avant les parties éminentes ; l'or posé avec la palette à dorer, on fait passer avec un pinceau, de l'eau derrière en appuyant sur le petit bord. On promène son haleine par dessus, avant de retirer avec le pinceau l'eau qui aurait pu rester, laquelle détremperait les apprets de dessous.

Après cette opération, on passe au brunissage, au ramendage, au vermillonnage, on répare s'il y a lieu et la dorure est terminée.

III — De la dorure à l'huile.

On donne le nom de dorure à l'huile à celle qui est faite au moyen de la *mixtion*, sorte d'huile cuite préparée spécialement à cet usage. On se servait autrefois *d'or couleur* ou mordant qui n'était pas autre chose qu'un reste de couleurs graissées et gluantes; mais depuis longtemps ce mode d'emploi est remplacé avantageusement par la mixtion qui remplit les conditions demandées pour happer l'or sans l'altérer. — On l'applique avec une brosse spéciale dite brosse à mixtion. Nous avons dit précédemment que l'on pouvait retarder ou accélérer sa siccativité; de même qu'en y mêlant un peu de jaune de chrôme ou de Naples on prépare le fond en marquant ainsi la ligne ou l'objet devant recevoir l'or.

Nous avons dit également que lorsqu'on doit dorer sur une surface peinte, il suffisait d'y passer une couche de vernis gomme laque, pour empêcher la mixtion d'être altérée, en se mêlant avec le fond gras.

L'or employé, est le même que pour la dorure à l'eau, cependant pour les surfaces plates exposées aux vents on emploie un *or adhérant* sur feuilles mobiles, permettant la dorure sans bannes; cet or qui vaut 1 fr. 75 le livret est collé sur feuilles, laissant un espace suffisant pour être pris avec le pouce et l'index et ne nécessite pas l'emploi du coussin; il est d'un usage excellent pour les devantures de boutique, filets ou lettres; mais pour les parties creuses, l'or 1/2 jaune ordinaire doit lui être préféré, à cause de son assimilation.

La dorure à l'huile est plus solide que celle à l'eau, mais elle est loin d'être aussi brillante; elle ne demande, du reste, aucun apprêt et peut être appliquée par tout le monde. La mixtion s'emploie au moyen d'une brosse dite à mixtion; pour happer l'or, elle doit être ni trop sèche ni trop poisseuse. C'est à l'amateur à choisir le moment opportun, où elle a un peu d'amour, pour y appliquer l'or, soit à la feuille pour grandes surfaces soit en parcelles coupées suivant les dimensions du filet ou de l'objet, en ayant soin de ne pas mixtionner au delà. — L'or posé, on appuie avec le pinceau doux pour étendre, et s'il y a des manques, on répare en mettant un peu d'or.

Cette dorure a son application pour grilles, balcons, rosaces, filets, lettres, etc. On peut la laver et vernir avec du vernis à l'or. Au lieu d'or on peut employer l'argent, le platine ou l'aluminium, fournis en livrets pour argenter de la même façon.

IV — De la dorure artificielle. — Bronzage.

Pour des ouvrages communs, ne nécessitant pas beaucoup de dépenses, on fait une dorure artificielle, au moyen du *bronze en poudre* (or pâle, or riche, or foncé, or vert). Cette dorure s'altère facilement et s'oxyde à l'air, en ce cas on le recouvre d'un vernis (blanc A) ; on emploie aussi des feuilles de cuivre imitant l'or et la mixtion teintée avec jaune de chrôme, sert de mordant pour maintenir et recevoir cet *or faux* (or d'Allemagne) ou ce bronze.

La dorure à *l'or d'Allemagne* a son emploi dans la décoration de théâtre, pour *rehausser* à effets par hachures ou en plein ; on emploie pour cela la mixtion à dorer ou une composition faite de cire, huile cuite et térébenthine de Venise, que l'on obtient au bain-marie, mais la mixtion est plus pratique. On opère comme pour la dorure à l'huile, sauf qu'on dore au livret et l'on époussette avec le pinceau l'or qui n'a pas adhéré. Les retouches se font avec un peu d'or faux en feuille.

Le *bronze en poudre* provient de Fürth et de Nuremberg (Allemagne), sous plusieurs numéros (o à v) suivant sa finesse, ou encore sous forme de *brocarts* dont l'emploi est bon pour imiter la laque du Japon, en toutes couleurs.

Une maison française a bien essayé d'installer une fabrique d'ors et de bronzes français mais le résultat n'a pas répondu à ce qu'en attendait son patriotisme et nous sommes encore aujourd'hui tributaires des Allemands pour cette industrie.

Le bronze est de plusieurs couleurs : or pâle, or riche, or foncé or vert, cramoisi, blanc flora ou argent, etc. On l'obtient avec du cuivre, du plomb et de l'étain battus puis moulus ; étaut données ces matières premières il ne possède qu'une durée relative.

On l'emploie sur un fond de peinture en gris fer pour le *bronze acier* ; en vert foncé ou en brun pour *vert antique* ou *florentin* ; en Sienne naturelle et ombre pour bronze *médaille* ; en jaune composé pour *bronze cuivre*, etc. Le bronze doit être appliqué à effet sur les parties en reliefs; on se sert pour cela d'un pinceau doux en petit gris ou en poils d'ours, ou bien, ce qui est préférable, d'une patte de lièvre bien douce ; le paquet de bronze (25 grammes) est maintenu dans la main gauche au-dessous de l'objet à bronzer et de la main droite on passe légèrement le pinceau ou la patte trempés dans le bronze, jusqu'à ce que l'effet soit obtenu.

On peut aussi préparer ses fonds et délayer le bronze dans un peu d'alcool et bronzer en plein, l'alcool s'évaporant le bronze reste adhérent à la peinture ou au vernis, non tout à fait secs, si c'est la peinture ou le vernis qui servent de mordant.

Depuis quelques années la mode de bronzer ou dorer au pinceau avec de *l'or adhésif*, a pris un certain engouement. Cet or est tout simplement de la poudre de bronze mélangée avec une matière neutre et un peu de dextrine, pour faire adhérer l'orsqu'on le délaye à l'eau. Nous lui préférons, comme étant plus solide et pouvant être lavé, le *bronze liquide* connu sous le nom de *Bronzine* qui satisfait l'amateur de bronze d'art imité sur plaques, statuettes, médaillons en bois ou en fer, et tous sujets décoratifs.

Nº 1. *Or riche.*

Nº 2. *Argent fin.*

Nº 3. *Vieil argent.*

Nº 4. *Médaille.*

Nº 5. *Vert antique.*

Nº 6. *florentin.*

Voici le mode d'emploi ; le flacon, dont le prix est 1 fr. 25 n'étant pas rempli, permet d'y introduire un pinceau doux ; après avoir bien remué la *Bronzine*, l'étendre avec un pinceau, en frottant un peu sur l'objet à bronzer ou à dorer. Deux couches sont nécessaires, en laissant un intervalle d'au moins une journée pour bien durcir. Ensuite, avec le pouce humecté de cire à l'essence, prendre de la poudre de bronze : *blanc* pour n°s 3 et 5; *rouge* pour n°s 4 et 5; *or pâle* pour n°s 4, 5 et 6; en frotter les parties en relief, ensuite appliquer, au pinceau, une légère couche de vernis conservateur. Le brillant obtenu, l'objet est métallisé et l'on possède une imitation complète du bronze naturel. (On peut mélanger les bronzines pour obtenir une sorte différente.)

C'est un passe-temps agréable et une économie pour l'amateur.

Pour obtenir une *métallisation* parfaite du plâtre, il faut préalablement passer deux couches de vernis à la gomme laque qui lui donneront la dureté nécessaire en arrêtant sa spongiosité ; le bronzeur doit, pour imiter la nature, lorsqu'il veut opérer autrement qu'avec la bronzine, préparer ses fonds par couches successives, en ombrant autant que possible ses tons avec de la mine de plomb ou de la sanguine, de façon à imiter le vieux bronze, c'est par tâtonnement que l'on y parvient et le bronze en poudre ne fait que donner du relief, en simulant l'usure. Les creux doivent figurer l'oxydation ; les couches de peintures doivent être siccatives et brillantes, le bronze est appliqué avec le pouce humecté de cire et l'on frotte à la brosse cirée.

Lorsque l'on veut bronzer sur métaux, on opère différemment.

Le *bronzage du fer et canons de fusils* s'obtient en chauffant le canon, puis en le frottant avec du beurre d'antimoine et huile d'olive ; cette première opération finie, le frotter ensuite à la cire. — L'antimoine, décomposé par le fer, se dépose à l'état métallique. Le *bronzage du cuivre* est obtenu en le faisant bouillir pendant une demi-heure avec une dissolution de vert de gris, sel ammoniac, vinaigre ou acide acétique et eau — quantité suffisante pour la saturation.

Le *bronzage en brun* sur cuivre rouge est obtenu après dégraissage à la potasse, par un bain de vingt minutes, d'acide sulfurique à 5 o/o ; puis ensuite un autre bain de 10 grammes d'hydrosulfure de potasse pour un litre d'eau, on rince, et l'on passe à la sanguine ou à la plombagine suivant la teinte brune ou grise que l'on désire. Le *zinc* peut aussi recevoir un bronzage en le recouvrant d'une couche de cuivre, on imite le *bronze florentin* en oxydant avec du sulfhydrate d'ammoniaque, et frottant ensuite avec des poudres de bronze. — Avoir soin de recouvrir le tout d'un vernis conservateur.

Pour donner au cuivre la couleur *vert antique*, on fait dissoudre 30 grammes de chlorhydrate d'ammoniaque, 10 grammes de sel marin, 10 grammes de crème de tartre et 10 grammes de vert de gris, dans quantité d'eau suffisante additionnée de 100 grammes acide acétique (vinaigre). Lorsque le mélange est bien intime, on en barbouille les objets à bronzer, et on laisse sécher, au bout d'une ou deux journées, on est en présence d'un objet vert-de-grisé avec nuances diverses.

On passe le tout à la brosse cirée, et, s'il y a lieu, on réchampit les hauteurs avec sanguine ou jaune de chrôme, les parties que l'on désire foncer sont touchées à l'ammoniaque.

La *fonte* est métallisée par le *système Oudry*; la fonte est passée tout d'abord au minium, puis traitée avec une couche de bronze préparée avec l'huile électro-métallique, on oxyde avec l'ammoniaque et l'on frotte ensuite à la brosse cirée. L'entretien se fait avec de la cire à l'essence.

Nous terminerons cette étude en indiquant les différentes colorisations des bronzes d'art.

Le *bronze médaille* est obtenu en frottant le métal avec une brosse enduite d'un mélange de sanguine et plombagine (mine de plomb).

Le *vert antique* s'obtient en plongeant le métal dans une solution de sel marin, crème de tartre et vert de gris, dissous dans du fort vinaigre additionné de carbonate de soude.

Le *bronze florentin* s'obtient au moyen du sulfate de fer et frotter à la cire.

Le *vieux bronze* s'obtient en plongeant à plusieurs reprises dans l'acide acétique et frotter à la cire.

— Le *vert de gris* est obtenu au moyen du sel ammoniac.

— La *teinte fumée* s'obtient en chauffant les pièces dans un feu · de foin et l'on passe la cire à la brosse.

Un autre passe-temps, c'est l'*imitation d'or*, de *bronze* ou *d'ébène* sur *métal blanc* et *cuivre poli*.

Pour obtenir sur métaux polis des teintes transparentes : vertes, bleues, violettes, jaunes, or, orange, bronze, etc., il convient de faire emploi des vernis de couleur à l'alcool, séchant instantanément et des tons ci-dessus (le flacon 1 fr. 20, le demi-flacon 0, 60); le métal reflète en dessous et vous avez des imitations à s'y tromper, c'est de la sorte que les dorures dites chimiques sont obtenues sur les baguettes d'encadrement qui sont préalablement argentées à la mixtion. Si le vernis paraissait trop foncé, l'éclaircir avec du *vernis blanc* A. — Le noir imite l'*ébène* sur tous les métaux et bois. (Vernis *noir brillant* ou mat.)

V — De la peinture d'équipages.

Le *peintre d'équipages* est généralement chargé de décorer les voitures, mais, à la campagne, le peintre en bâtiments, de même que l'amateur, peuvent avoir à peindre des carrioles, chars à bancs, tilburys, etc., et c'est à ce point de vue que nous les renseignons sur les procédés en usage dans cette peinture, différente de celle du bâtiment. — Lorsque c'est une voiture neuve qu'il s'agit de peindre, il convient de donner une couche d'impression avec teinte dure qui se prépare avec céruse, essence et vernis à teinte, et très peu d'huile ; on teinte avec noir, si l'on veut un fond gris, ou avec ocre jaune, pour un fond jaune clair ; on peut également faire emploi du *filing-up*, ou apprêt anglais.

Le fond bien sec, poncer à la pierre ponce et laver au fur et à mesure du ponçage ; une seconde couche est donnée dans le même ton, ou bien dans le ton de la teinte finale qui est donnée lorsque cette dernière est sèche et bien dure, après un nouveau ponçage.

Le masticage se fait avec céruse en poudre et vernis ; les couleurs employées pour la voiture sont : *brun Van Dyck, jaune de chrôme* clair et foncé, *bleu outremer* à trains ou à caisse (clair ou foncé), *verts bronze, national* (anciennement dénommé impérial), *russe, prussique, milori* et *wagon*, le *noir d'ivoire*, les *terres* de Sienne naturelle et ombre, le *vermillon*, rouge de France, etc. Ces couleurs broyées à l'essence sont détrempées au *vernis à teintes*, puis l'on donne la première couche de vernis à polir (flatting).

On chiffonne ensuite le vernis avec une éponge (dite à cavalerie) humectée de ponce, on lave et on passe à la peau de chamois, pour sécher. La dernière opération est la couche de *vernis à finir* ainsi nommé parce qu'il termine et donne le brillant. Les spécialistes donnent cette couche dans une pièce séparée et chauffée afin de bien glacer le vernis et éviter ainsi les bouillons ou la poussière, qui altèrent le vernis, notamment pour les caisses de voiture. Pour étendre la peinture et le vernis, on se sert de *queues de morue* épaisses en soie, appelées aussi *blaireaux à vernir (fig. 55)*. Il y en a de toutes dimensions depuis 2 jusqu'à 12 clous, chaque clou correspond à 3 lignes de l'ancienne mesure. Le vernis doit être étendu à grands traits puis repris par la queue, après avoir coupé ses coups de brosse . Plus le vernis est manié, plus il est brillant, mais il faut éviter les coulures en manœuvrant avec la brosse de haut en bas et en relevant le vernis de bas en haut.

Si l'on doit réparer une vieille voiture, il faut tout d'abord enlever l'ancien vernis avec de l'alcali (ammoniaque liquide) puis poncer à la pierre ponce jusqu'au fond et opérer comme il est dit ci-dessus. Les trains d'équipages n'exigent pas un travail aussi long, ni aussi méticuleux que les caisses, de même que le vernis à finir (vernis à trains) peut être de moindre qualité, le train fatiguant relativement moins que la caisse.

Les *réchampissages* ou les *filets* se font avec pinceaux en petit gris appelés pinceaux à filets, à bandes petites, moyennes et fortes. Les couleurs sont en tons clairs : vert, bleu, jaune rotin ou vermillon (CO_2 ou DR) ; les autres qualités de vermillon (anglais ou français) servent plutôt comme couche pour les trains ; on détrempe avec colle d'or ou siccatif Aubert et l'on opère en suivant avec le doigt les contours des roues et des trains ; cette opération demande une main exercée.

Les *ferrures* sont faites avec vernis noir Japon n°2 ; on se sert pour cet usage de pinceaux à 2, 3 ou 4 plumes appelés aussi pinceaux à mouiller, à bout carré ou bombé ; les *raccords* se font avec pinceau en plume dit pinceau à raccord, et lorsque l'on veut éviter la poussière dans les parties sculptées, on arrête au moyen du vernis blanc A ou Sœhnée.

Les charrettes se peignent avec des couleurs plus communes : bleu charron, vert français, rouge de France, brun Van Dyck ou bien encore avec la *décorative* ; le vernis employé s'appelle *vernis à carrioles*. On peut se servir pour l'appliquer, de queues de morue ou toute autre brosse en usage dans la peinture du bâtiment.

VI — De la vitrerie, mesures des vitres.

Le verre est une substance transparente, composée de silice, soude et de cendres. Il est susceptible de prendre une coloration par l'addition de sels de fer, de cuivre, de cobalt, etc.

Le *verre blanc* est employé dans la vitrerie courante ; le *verre coloré* a son application dans la vitrerie sur plomb (vitraux). Non seulement, le verre nous préserve des intempéries en remplaçant les feuilles de mica qui étaient autrefois employées pour cet usage, mais encore, il devient sous la main du vitrier habile un des accessoires si nombreux du mobilier d'appartement.

Le *verre à vitre* comprend les sortes suivantes :

1° Verre en manchon ou de grandes dimensions.

2° Verre blanc, 3° et 4° choix.

3° Verre cannelé.

4° Verre mousseline.

5° Verre dépoli.

6° Verre strié.

7° Glace ou verre, 1ᵉʳ choix pour la miroiterie.

Le verre blanc, 2ᵉ choix, n'est guère employé que pour l'enca-drement des estampes, dessins, etc. Il doit être choisi sans bouil-lons, sans filandres et sans gauchis.

Le verre se coupe au moyen d'un diamant monté sur un rabot à manche d'os ou d'acier, il est seulement attaquable par l'acide fluorhydrique qui est employé pour la gravure du verre ; le dépoli est obtenu par un frottement qu'on lui fait subir.

Le verre à vitre proprement dit comprend trois sortes : verre simple, verre demi-double et verre double ; il est livré par caisses de soixante, quarante ou trente feuilles composées de cinq ou de quatre mesures courantes, qui sont :

MESURES DU COMMERCE		MESURES LILLOISES	
	69 sur 66		75 sur 72
	72 — 63		78 — 69
5 mesures	75 — 60	5 mesures	81 — 66
	81 — 57		87 — 63
	87 — 54		93 — 60
	90 — 51		96 — 57
	96 — 48		102 — 54
4 mesures	102 — 45	4 mesures	108 — 51
	108 — 42		114 — 48
	114 — 39		120 — 45
	120 — 36		126 — 42
	126 — 33		132 — 39

Le pays de provenance d'où se tire le verre sont Aniche, Fres-nes, Roches, Somain (Nord), Givors (Rhône), Rive-de-Gier, Saint-Étienne (Loire), Forbach (Alsace), Jumet (Belgique).

Saint-Gobain (Aisne) fournit les glaces pour les devantures et la miroiterie.

L'outillage du vitrier est assez restreint : un diamant (l'amateur peut se servir du coupe-verre à roulette), une règle, un marteau, un jeu de couteaux (page 20) une pince à verre, une lame à démas-tiquer, un grugeoir, quelques pointes à vitres et cela suffit.

Le *mastic* est la seule substance employée pour faire tenir le verre dans les feuillures ou rainures des fenêtres ; nous avons entretenu le lecteur, dans un chapitre spécial, de sa fabrication ; mais au moment de son emploi, il a besoin d'être manié pour l'amollir ; on le tient dans la paume de la main gauche et le couteau dans la main droite, de façon à ce que les deux mains soient libres pour mastiquer, appuyer et lisser. Le travail étant terminé ou lorsque la vitre est salie par la poussière, on nettoie en la frottant avec une éponge humectée d'eau mêlée de blanc d'Espagne, on essuie ensuite avec un chiffon sec, sans peluches, et l'on termine avec une peau de chamois.

Si la vitre est tachée de peinture sèche, on passe une éponge imbibée d'eau seconde, en frottant le plus gros avec le couteau à reboucher et on opère ensuite comme il est dit ci-dessus.

VII — Du papier de tenture, collage, outillage.

Le papier de tenture est la décoration du pauvre, mais il complète aussi le mobilier du riche, par des tentures de choix, véritables chefs-d'œuvres de l'art décoratif moderne.

Le temps est loin de nous où le papier de tenture ne possédait que quelques dessins, que l'on tirait à la main en 1 ou 2 couleurs. Aujourd'hui, l'outillage du papier peint est si puissant, comme machines, qu'on imprime à 7 et 8 couleurs à la fois, les dessins sont multiples, suivent la mode, quand ils ne la précèdent pas. La variété des couleurs, leur richesse de ton, l'imitation parfaite des vieilles tapisseries ou des cuirs de Cordoue, viennent en aide au décorateur et au tapissier, pour l'ameublement d'un salon, d'une salle à manger, ou d'une chambre. Riche comme pauvre, peuvent se payer le luxe d'une décoration murale : il y en a pour tous les goûts et surtout pour toutes les bourses.

L'industrie du papier peint est une industrie parisienne, ou du moins aucun fabricant n'a perfectionné cette industrie comme nos fabricants français qui ont plus de goût et sont plus artistes ; il est juste de dire qu'ils ne reculent pas devant les sacrifices pour tenir la première place; citons entre autres, les maisons Isidore Leroy, Gillou et fils, Follot, etc.

Avant la pose du papier peint, on applique habituellement sur la muraille un premier papier gris bis, ou gris bleuté; on tend de la *toile* dite *à coller*, que l'on recouvre du papier ci—dessus; cette toile à plusieurs dimensions : 50, 65, 80, 100 et 110 centimètres de large et le mesurage est de 60 mètres environ; elle est plus ou moins serrée de fils et on la désigne par qualités extra, bonne et ordinaire. Les fils sont tout lin, ou tout jute ou bien la trame en lin et les fils en phormium. — La toile de lin est préférable et se tend mieux. On emploie pour la clouer des *semences* à tête plate, appelées aussi clous à tapisser. — Les joints et rebords des armoires sont recouverts d'une *bande de zinc* plate ou forme de T. On couvre les joints en la clouant avec des petits clous à tête plate (clous à zinc). Lorsque la muraille, sur laquelle on doit tapisser, est saturée d'humidité, il convient de passer deux couches d'*enduit de L. Caron* (préservatif Léo) en ayant soin de suivre les instructions concernant son application. Lorsque, sur des vieux murs, dont le papier a été arraché, on constate la présence de ces parasites ennemis de l'homme, connus sous le nom de *punaises*, on en détruit les œufs, par un liquide corrosif ainsi composé et que l'on passe sur les boiseries infectées et dans les interstices où elles se logent:

Dans un litre d'eau distillée faire dissoudre :

10 grammes deuto-chlorure de mercure ;

10 grammes chlorhydrate d'ammoniaque.

Remuer et, aussitôt la dissolution opérée, s'en servir — ou bien mettre sur le flacon une étiquette avec la mention « poison » pour éviter toutes erreurs dont on serait responsable.

Ce produit peut être remplacé par l'insectifuge liquide préparé par L. Caron (le litre 2 fr. 25).

Le rouleau de papier peint porte comme mesurage 8 mètres de long sur 50 centimètres de large, il couvre donc après ébarbage environ

4 mètres carrés ; il est divisé au moyen de *ciseaux longs* à la mesure allant du plafond aux stylobates en tenant compte des bordures ; chaque bande est posée sur une table et collée avec de la colle de pâte au moyen d'une grosse brosse n° 16, soie grise, et repliée sur elle-même par le côté collé, de façon à en bien imprégner le papier.

On commence la pose par la première bande pliée, en la prenant à deux mains pour l'ajuster sur la partie du mur, par le haut, et on laisse aller le reste, qui se déplie par son propre poids, ou que l'on aide à se déplier, en observant bien l'*aplomb* et le *raccord* des dessins. On fixe la pose avec le *balai à coller* que l'on descend de haut en bas, d'abord par le milieu puis sur les côtés. — Les *bordures* sont posées après la juxtaposition complète du papier ; les *moulures* sont fixées avec de petits clous, on se sert pour les couper de la scie et d'une boîte à onglets. Ajoutons que le colleur de papier doit avoir autour de sa taille, une poche formant tablier dans laquelle il réunit ses outils, de façon à pouvoir s'en servir, sans perdre de temps à les chercher. Les *armoires* sont tapissées avec du papier bleu en mains ou en rouleaux. Les *faux plafonds* sont faits en tendant de la toile à tapisser sur des châssis de bois, ensuite on les couvre de papier gris sur lequel on applique un petit papier ou une peinture à la détrempe. L'inconvénient de ces faux plafonds est de servir de retraite aux souris.

Pour salles à manger, cabinets de toilette, ou applique souvent des papiers vernis insuffisamment, une couche d'une bonne sorte de vernis permettra de nettoyer et de laver, lorsqu'ils seront salis par la poussière.

Le *marouflage* se fait sur murailles ou sur plafonds, au moyen de toiles spéciales de toutes grandeurs, l'opération qui consiste à les étendre avec un enduit fait de céruse et huile, s'appelle maroufler.

L'expérience a permis de constater qu'aucun plafond n'es exempt de fissures ou crevasses qui se produisent toujours, dans un temps plus ou moins éloigné de la construction. Ces craque- ments des plâtres ont souvent pour cause le peu de charge des enduits sur les fers, la dilatation de ces derniers, des tassements ou d'autres causes qu'il n'est pas possible de prévoir.

De nombreuses applications ont démontré de la façon la plus évidente que la toile marouflée à la céruse, en plafond, a toujours eu pour effet, en durcissant, de maintenir l'homogénéité des plâtres et de les solidifier.

On tapisse également avec de la *toile Binant*, apprêtée pour peinture imitant les tapisseries et étoffes anciennes. On se sert de couleurs liquides et siccatives, le tissu doit conserver sa souplesse.

CHAPITRE XIV

DU RABAIS DANS LES TRAVAUX. — SALAIRE DES OUVRIERS. — PRIX DE RÉGLEMENT DES JOURNÉES DU PEINTRE. — PRIX DE RÉGLEMENT D'APRÈS LA SÉRIE OFFICIELLE APPLICABLE A L'ENTREPRENEUR POUR TRAVAUX ET FOURNITURES.

I — Du rabais dans les travaux.

Nous nous sommes souvent demandé quelles étaient les cause du rabais dans les travaux ? Les uns s'en prennent à l'architecte, les autres à l'entrepreneur lui-même ! Il n'en est pas moins établi aujourd'hui que, faute de ne point faire le rabais minimum exigé par l'architecte, l'entrepreneur se trouve dans l'obligation de laisser reposer son matériel qui se détériore et conséquemment perd de sa valeur par un repos trop prolongé. — Dans l'exécution de grands travaux, il lui est possible de faire un rabais considérable, qu'il ne ferait certes pas pour des travaux d'entretien qui demandent plus de main-d'œuvre que de fournitures ?

Depuis une dizaine d'années surtout, c'est une rage, un affolement de courir les travaux au rabais et cependant nous sommes heureux de signaler des entrepreneurs qui refusent leur coopération à ces travaux, ne voulant pas que leur clientèle les soupçonne de fraude ; ceux-là ont souci de leur dignité professionnelle, et nous les en félicitons.

En effet, à qui peut-on faire accroire que le peintre peut donner la même marchandise, ou les mêmes soins en prenant 40 % de moins que son confrère, aussi intelligent, mais tout au moins plus honnête. — Il n'y a pas deux façons d'envisager la chose : ou les travaux laissent à désirer sur le nombre voulu des couches, ou la peinture employée a subi une sophistication quelconque, ou bien les matières premières étant les mêmes pour tous deux, ainsi que la main-d'œuvre, il y a un des concurrents plus oseur ou plus

Le propriétaire a plus de profits à payer, à l'entrepreneur sérieux, un prix raisonnable basé sur la série de prix actuelle, qu'à confier la direction ou l'exécution des travaux à un coureur de travaux au rabais, car il doit bien s'imaginer que s'il a obtenu une réduction de prix, il en aura toujours pour son argent.

Le *rabais* force l'entrepreneur à frauder, car il doit se rattraper sur la perte qui résulterait pour lui si l'architecte exigeait l'exécution du cahier des charges; certes il obtiendra de son marchand une différence de prix dans ses achats, différence trop sensible pour que le marchand à son tour ne fraude pas un peu pour remédier à son trop maigre bénéfice. — Avec pareil système, où s'arrêterait-on ? en poussant ainsi au rabais, les architectes, propriétaires et amateurs de bon marché obligent l'entrepreneur, le marchand et le fabricant à les tromper sans vergogne.

Il n'y a pas de milieu pour un entrepreneur qui exécute des travaux au rabais, s'il n'a pas lui-même une fortune personnelle, c'est la faillite à courte échéance, et, c'est le marchand qui subit fatalement les conséquences de sa confiance alors qu'il aurait dû, au contraire, lui refuser tout crédit, dans l'intérêt même de la profession.

Reconnaître la fraude, lorsque le travail est achevé, n'est pas chose facile ; gratter la peinture, pour apprécier le nombre de couches appliquées, nous semble un procédé peu pratique, attendu qu'on ne peut juger d'après l'épaisseur : le peintre ayant appliqué trois couches légères au lieu d'une, ou deux plus fortes d'un même ton; éviter la fraude en ordonnant trois couches de tons différents c'est risquer l'application d'une quatrième couche qui donnera le ton final. — Le meilleur moyen de déjouer la fraude est, à notre avis, d'exiger l'exécution pure et simple du travail, de vérifier les matières employées et de constater la bonne marche du travail par une inspection constante ; mais il est préférable de confier ses travaux à un peintre sérieux, consciencieux et en quelque sorte amoureux de son métier ; celui-là, qui ne fait pas de rabais, n'a pas intérêt à retirer de son travail un bénéfice illicite.

Un autre abus contre lequel le propriétaire devrait essayer de réagir, c'est le *mémoire* en demande que lui remet son entrepreneur à la fin des travaux.

En effet, pour quel motif augmente-t-on un mémoire de 25 o/o pour obtenir une réduction du cinquième (20 o/o). Pourquoi cette dépense d'encre rouge d'un côté, et ces calculs inutiles de la part de l'ouvrier ? Ne serait-il pas plus équitable, plus logique de con—fectionner ce mémoire, tel qu'il sera réglé par l'architecte en pre—nant pour base, la série des prix de la société centrale ou de la ville de Paris ? C'est un abus, qui date de longtemps et il n'est pas moins détestable pour les intérêts du bâtiment.

Le peintre dit, avec quelque raison, que si son mémoire était établi d'après les prix de la série, le propriétaire le ferait vérifier quand même et que le 1/5 lui serait également rabattu ; que ce serait ensuite une source de contestations, qu'il évite par un mé—moire augmenté. Mais le propriétaire, connaissant l'usage fait de cette surcharge, ne peut admettre que l'entrepreneur ait dérogé à l'habitude, et la crainte de payer au-delà de ce qu'il doit, l'engage à faire vérifier un mémoire souvent exagéré. C'est aux chambres syndicales du bâtiment à réclamer l'abolition de cet abus, car le bon sens en a fait justice depuis longtemps.

II — La question du salaire à Paris.

S'il est un problème dont la résolution sera toujours difficile, c'est, sans contredit, la question du salaire à Paris, pour les ouvriers du bâtiment.

Cette question sociale a été débattue par plus autorisé que nous, mais nous en parlons aujourd'hui parce qu'elle rentre dans le cadre tracé par notre guide et en raison de son actualité.

Les séries des prix officiels de la ville de Paris accordent une plus value de salaire aux travailleurs, aux collaborateurs de toutes classes, dans l'industrie du bâtiment.

L'*ouvrier peintre* qui gagnait, à Paris, 60 c. par heure de travail

Le propriétaire a plus de profits à payer, à l'entrepreneur sérieux, un prix raisonnable basé sur la série de prix actuelle, qu'à confier la direction ou l'exécution des travaux à un coureur de travaux au rabais, car il doit bien s'imaginer que s'il a obtenu une réduction de prix, il en aura toujours pour son argent.

Le *rabais* force l'entrepreneur à frauder, car il doit se rattraper sur la perte qui résulterait pour lui si l'architecte exigeait l'exécution du cahier des charges; certes il obtiendra de son marchand une différence de prix dans ses achats, différence trop sensible pour que le marchand à son tour ne fraude pas un peu pour remédier à son trop maigre bénéfice. — Avec pareil système, où s'arrêterait-on? en poussant ainsi au rabais, les architectes, propriétaires et amateurs de bon marché obligent l'entrepreneur, le marchand et le fabricant à les tromper sans vergogne.

Il n'y a pas de milieu pour un entrepreneur qui exécute des travaux au rabais, s'il n'a pas lui-même une fortune personnelle, c'est la faillite à courte échéance, et, c'est le marchand qui subit fatalement les conséquences de sa confiance alors qu'il aurait dû, au contraire, lui refuser tout crédit, dans l'intérêt même de la profession.

Reconnaître la fraude, lorsque le travail est achevé, n'est pas chose facile ; gratter la peinture, pour apprécier le nombre de couches appliquées, nous semble un procédé peu pratique, attendu qu'on ne peut juger d'après l'épaisseur : le peintre ayant appliqué trois couches légères au lieu d'une, ou deux plus fortes d'un même ton; éviter la fraude en ordonnant trois couches de tons différents c'est risquer l'application d'une quatrième couche qui donnera le ton final. — Le meilleur moyen de déjouer la fraude est, à notre avis, d'exiger l'exécution pure et simple du travail, de vérifier les matières employées et de constater la bonne marche du travail par une inspection constante ; mais il est préférable de confier ses travaux à un peintre sérieux, consciencieux et en quelque sorte amoureux de son métier ; celui-là, qui ne fait pas de rabais, n'a pas intérêt à retirer de son travail un bénéfice illicite.

d'œuvre et aux faux-frais : pour la peinture, les faux-frais sont fixés à 15 o/o et le bénéfice à 10 o/o.

Il est à observer, que les prix de règlement de ladite série sont établis pour les travaux exécutés dans Paris et calculés en tenant compte des conditions du paiement du service d'architecture de la ville de Paris, telles qu'elles sont rappelées dans les cahiers des charges de chaque adjudication.

La journée du peintre est, en été, de dix heures et en hiver seulement de huit heures.

L'heure du peintre, été ou hiver, compris l'outillage, est fixée à o fr, 80 et celle du peintre en décors à 1 fr. 20, comme déboursés par l'entrepreneur.

Les prix de journée ci-dessus indiqués ne comprennent pas les plus-values qui, d'ordinaire, se débattent entre patrons et ouvriers, notamment pour la direction d'un travail où l'ouvrier remplit les fonctions de chef d'équipe : à défaut de conventions préalables, il sera alloué dans les cas suivants, une indemnité fixée ci-après :

1º De 2 francs par jour, pour les déplacements forcés qui obligent l'ouvrier à coucher hors de son domicile.

2º De 1 franc par jour pour l'exécution d'un travail exceptionnel présentant des difficultés sérieuses, tel que travail fait dans l'eau ou tout autre périlleuse exigeant des précautions spéciales pour la sécurité des ouvriers.

Cette observation peut s'appliquer au prix de journées des *vitriers, doreurs, miroitiers* et *colleurs de papiers*.

IV — Prix de règlement d'après la série de prix officiels.

APPLICABLES A L'ENTREPRENEUR DE PEINTURES POUR TRAVAUX ET FOURNITURES

I — Peinture.

Travaux préparatoires, ouvrages au mètre superficiel.

Époussetage sur plafonds, murs, boiseries.......... le m.	0.04
Égrenage compris époussetage des parties neuves... —	0.06
— au grattoir effilé, sur boiseries et murs........ —	0.22
Lavage à l'eau de détrempe, sur plafonds et murs.... —	0.15
Lessivage à l'eau seconde, y compris époussetage... —	0.14
— à la potasse pure sur anciens fonds........... —	0.25
— à la ponce en poudre, pour peintures soignées.. —	0.20
— avec soin des peintures ornées de dorures à l'huile .... —	0.24
Grattage et lavage de carreaux neufs.......... le m. sup.	0.17
— — de carreaux ou parquets vieux —	0.13
— de parquets à la paille de fer, lavage compris.................................. —	0.30
— de détrempe sur plafonds, murs et bois unis —	0.19
— à vif de vieux papiers à dessin ou vernis... —	0.42
— et brûlage de vieilles peintures ou vernis sur parties unies, lessivage compris (prix moyen)............................ —	2.06
— dito sur parties à moulures............... —	3.32
Rebouchage au mastic à la colle............... —	0.13
— au mastic à l'huile pour travaux ordinaires. —	0.23
— au mastic, céruse ou zinc, travaux soignés. —	0.31
Rebouchage au mastic au vernis et à la céruse pour peintures polies, sur ordre exprès, ponçage dudit rebouchage à l'eau et pierre ponce.................... le m. sup.	1.07

Nota. Dans les travaux ordinaires, lorsqu'il n'aura été donné qu'une seule couche, les rebouchages sont réduits de moitié.

Enduit en mastic ordinaire, à l'huile, avec addition
de céruse pour travaux ordinaires, sur
murs ou plafonds non compris le ponçage   —   0.57
— dito sur parties moulurées, les moulures
non enduites, ponçage compris........   —   0.90

Nota. Lorsque le rebouchage ne sera pas exécuté, le prix d'enduit sera réduit de 0.15.

Enduit dito pour travaux soignés, sur plafonds,
murs ou boiseries unies, compris rebouchage préalable, s'il y a lieu, révision
et ponçage............................. le m. sup. 1.17
— sur parties ornées de moulures, les dites non
enduites, mais rebouchées, compris dé-
gorgement des moulures, révison et ponçage très soignés......................   —   1.79
— dito avec les moulures enduites..........   —   2.38

Ponçage à sec au papier de verre, pour travaux
ordinaires.............................   —   0.12
— à sec pour travaux très soignés (sur ordre).   —   0.20
— à l'eau, à la pierre ponce, sur parties unies
et sur teinte dure.... ....   —   2.31
— à l'eau, à la pierre ponce sur parties à moulures...................................   —   4.62
— à l'eau, à la ponce en poudre sur vernis,
parties unies..........................   —   1.12
— à l'eau, à la pierre ponce en poudre sur parties moulurées à la fois 1/2.............   le m.   1.68
Papier métallique doublé d'étain fourni et collé
à la céruse sur couche d'impression, y
compris encollage avant tenture........   —   2.91
Calicot fourni, collé en plein à la colle de peau...   —   1.12
— dito collé en plein à l'huile...........   —   1.42
Badigeon à la chaux et à l'alun 2 couches, compris
égrenage ou léger grattage.............   —   0.18

Badigeon, dito plus value pour ravalement à la
corde à nœuds.............................. — 0.05

— plus value pour grat. à vif de l'anc. badigeon. — 0.10

Ouvrages à la colle.

Encollage, à la colle de peau première couche pour
plafonds et murs............................ — 0.14

Blanc ou détrempe, ordinaire une couche, sur couche d'encollage ou d'huile............... — 0.16

— plus-value, pour emploi de blanc de zinc
pour travaux soignés.................. — 0.06

Enduits hydrofuges.

Enduit-Léo de L. Caron, 1re couche 0.60 suivantes. — 0.50

Email ou Préservateur, dito   0.60   dito — 0.50

Liquide-Caron, spécial pour ciment, 1re couche 0.30 — 0.25

Ciment porcelaine C numéro 1 chaque couche..... — 0.55

numéro 2 chaque couche............. — 0.51

Peinture TB, la 1re couche 0.42, suivantes....... — 0.38

Ouvrages à l'huile.

Huile bouillante, 1re couche, 0.42 — en 2e couche. — 0.36

Todate dure pour travaux polis, chaque couche... — 0.43

Huile pour travaux ordinaires, une couche d'impression................................. — 0.36

— pour chaque couche en plus sur impression
ou anciens fonds....................... — 0.39

— dito avec plus-value pour échafaudages vo-
lants.................................. — 0.04

— pour travaux soignés une couche d'impression.................................. — 0.36

— dito compris révision de rebouchage et léger
ponçage chaque couche................. — 0.64

— dito plus value pour peinture faite au vernis
en remplacement d'huile, par m. sup. et par couche 0.08

Peinture sur fer, fonte, sur toutes surfaces, en minium, oxyde de fer ou goudron de gaz et par couche,........................ le kilog. 0.11

Emploi de couleurs fines, plus value pour addition dans les peintures à l'huile ou à la colle, pour chaque couche (tons exceptés : vert, bronze, brun, bleu d'armoire, olive)........................... 0.05 à 0.20

Réchampissage, plus value pour chaque ton.... — 0.12

Glacis au blanc de neige ou d'argent sur anciens décors..... .... — 0.49

Encaustique à l'essence sur bois naturel, marbre ou décors et à la cire vierge, sur marbre blanc, compris lustrage................ — 0.60

Noir au vernis pour travaux ordin. ch. couche... — 0.47

Plus value de couleurs fines employées pures en brun Van Dyck, ch. couche........... — 0.13

— en jaune de chrôme pur — .... — 0.43

— en vert métis — .... — 0.23

— en vert français — .... — 0.06

— en vert milori — .... — 0.41

— en vermillon — .... — 0.79

— en noir d'ivoire — .... — 0.23

— en terre d'ombre — .... — 0.15

— en bleu de Prusse — .... — 0.57

— en bleu guimet — .... — 0.33

— en laque ordinaire — .... — 0.49

— en laque surfine — .... — 1.36

Granit ordinaire, chaque jetée pour plus value... — 0.13

— chiqueté compris couleurs, chaque ton..... — 0.52

Ornements détachés réchampis en blanc d'argent et autres tons en plein une couche........ — 6.20

— 2 couches............................ — 9.90

— à jour une couche 10.23 — 2 couches...... — 16.39

12

Ouvrages de décors (au mètre superficiel).

Façon de décors bois, marbres ou bronzes divers compris glacis des bois et couleurs, travaux soignés.......................... — 1.32
— dito travaux ordinaires le prix de la façon sera réduit à.......................... — 1.05
— marbres, brèches et campans parfaitement exécutés, compris couleurs............. — 2.08
— plus-value pour réchampissage pour chaque ton sur bois et marbres à plusieurs tons.. — 0.12
— plus-value pour la couche de glacis........ — 0.33
Ornements détachés réchampis en bois, marbres ou bronzes en plein, 3.92 — à jour..... — 6.45
— à jour de parties dorées.................. — 7.71
Façon de coupe de pierre compris tracé et couleurs, sans frottis d'appareil à un filet d'un seul ton........ .... — 0.45
— dito à un filet deux tons mélangés........ — 0.50
— dito à 3 filets gravés pour les refends horizontaux, avec filet pour ceux verticaux.. — 0.80
— dito à 3 filets gravés pour les 2 refends..... — 0.95
— plus-value pour frottis d'appareil.......... — 0.20
Façon de brique compris tracé et couleurs avec filet d'appareil sans frottis............. — 1.75
— plus-value pour frottis ordinaire, avant filage, sans recoupement de briques après...................................... — 0.25
— 2° plus-value pour recoupement de frottis sur la brique.......................... — 0.25

Ouvrages vernis.

Vernis français ou anglais copal blanc ou gras n° 1 à l'intérieur chaque couche........ — 0.47
— gras n° 1 pour extérieurs................. — 0.50

Vernis surfin pour travaux soignés ch. couche... le m. sup. 0.64

— — pour travaux très soignés....... — 0.71

— à polir, employé à bain de vernis........ — 0.59

Mise en couleur et encaustique.

Siccatif à l'alcool et *chromo-cire*, une couche.... le m. sup. 0.38

— en 2° couche ou sur couche d'huile........ — 0.35

A la colle une couche 0.15 — chaque couche en

sus.................................. — 0.11

A l'huile une couche 0.32 — chaque couche en

sus.................................. — 0.29

Mis à l'encaustique à l'eau, teinté ou non et frot-

tés .... — 0.31

— à l'essence et frottés.................... — 0.46

Dépolissage de carreaux au tampon à l'huile.... — 1.37

Ouvrages au mètre linéaire.

Bandes de calicot de 0.10 large, pose et fourni-

ture collées à la colle................. le m. lin. 0.25

— collées à l'huile........................ — 0.29

Enduit de bandes de calicot, colle ou huile...... — 0.13

Plinthes et bandeaux de 0,15 de large, lessivés

seulement............................. — 0.02

— à l'huile compris rebouchage, une couche.. — 0.09

— dito, chaque couche en sus.............. — 0.06

— vernis une couche...................... — 0.07

— en décors, pour façon................... — 0.25

Réchampissage de moulures, chaque couche.... — 0.12

— jusques et y compris 0,14 de développement

lessivés, compris léger grattage........ le m. lin. 0.02

— en minium : une couche compris égrenage. — 0.06

— enduits soignés poncés par ordre exprès.. — 0.28

Carreaux en fer à l'huile : par chaque couche... — 0.05

— vernis : une couche....................... — 0.07

Barreaux en fer en décor, ou bronze à l'effet
façon et couleurs...................... le m. lin. 0.19

— bronzés en plein sur couche de mixtion....   —   0.30

Nota. Les petits bois de lanternes ou châssis de combles,
même prix que les plinthes.

— plus-value pour couleurs fines employées
pures 1/10 en sus.

Réchampissage en recoupement de dorure
par chaque ligne droite et par couche...: le m. lin. 0.042

— de tentures conservées..................   —   0.033

Filets et galons tracés préparatoires au crayon
pour figurer compartiments ou panneaux   —   0.07

— secs pour joints, à l'huile pour assises.....   —   0.12

— adoucis et repiqués, ou d'épaisseur ....   —   0.18

— fausses moulures, ombrées avec effet, cha-
que filet.................................   —   0.075

— de mixtion pour dorure, jusqu'à 0.01 .....   —   0.15

— étrusques à une couche de toutes couleurs,
jusqu'à 0.01...............................   —   0.12

— de toutes couleurs à l'huile, jusqu'à 0.08
large, une couche 0.20, le m. lin.   —   0.20

— chaque centimètre en sus.................   —   0.01

— glaçage de contrechamps à l'intérieur de
panneaux en marbre ou coupe de pierre
jusqu'à 0.08 large........................   —   0.15

— plus-value pour filets ou galons droits
sur plafonds ou rampants 1/4 en plus
— sur murs 1/2 en plus.................

— dito circulaires sur plafonds droits ou rampants une fois en plus.................

Ouvrages à la pièce.

Aux glaces de toutes couleurs, plaques de propreté
ou vernis.................................   —   0.21

Contre-cœur de cheminée à la colle, compris nettoyage...........................	la pièce	0.36
— dito, à la mine de plomb, la pièce........	—	0.42
Rideau de cheminée frotté à la mine de plomb...	—	0.25
Nettoyage de rétrécissement en faïence compris le cadre en cuivre frotté, la pièce.........	—	0.32
— de bordure de glace dorée jusqu'à 0,15 de large, le mètre linéaire...............	—	0.18
— de chambranle, de cheminée à la capucine compris foyer, la pièce...............	—	0.32
— dito à modillons, consoles ou pilastres.....	—	0.48
Persiennes à deux ou quatre vantaux, déposées et reposées jusqu'à 2 m. 50 haut. la paire	—	0.67
au dessus............................	—	0.92
Lettres anglaises, romaines, ordinaires, jusqu'à 0.09...........................	la pièce	0.07
— de 0.10 à 0.15...........................	—	0.10
— de 0.16 à 0.20...........................	—	0.13
— de 0.21 à 0.25...........................	—	0.14
— de 0.26 à 0.30...........................	—	0.21
— de 0.31 à 0.35...	—	0.29
— de 0.36 à 0.40...........................	—	0.35
— de 0.41 à 0.45...........................	—	0.45
— de 0.46 à 0.50...........................	—	0.53
— de 0.51 à 0.55...........................	—	0.59
— de 0.56 à 0.60...........................	—	0.68
— de 0.61 à 0.65...........................	—	0.80
— ombrées spaltées, 2 couches moitié en plus du prix ci-dessus.....................		
— genre renaissance, égyptienne et façon monstre, 1/4 en plus des prix ci-dessus..		
— de toutes couleurs en relief, le centimètre..		0.03
— dorées jusqu'à 0.15.....................	le centim.	0.06
— de 0.16 à 0.31.....................	—	0.07

Lettres dorées de 0.32 à 0.48.............. le centimètre 0.10

— — de 0.49 à 0.65.................. — 0.12

— — de 0.66 à 0.72.................. — 0.13

— — de 0.73 à 0.80.................. — 0.15

— dorées et ombrées mesurées sur l'or 1/3 en plus du prix ci-dessus.

— plus-value pour lettres dorées façon monstre 1/3 en plus du prix ci-dessus.

Journée de Peintre.

Heures de jour, été et hiver, compris outillage.. — 1.01

— dito, de peintre en décor............... — 1.52

Heures supplémentaires, après la journée règlementaire de 9 heures, le temps en heures supplémentaires sera payé un quart en plus.

Heures de nuit, au delà de ce délai, et la nuit, les heures seront payées le double jusqu'à concurrence de 2 heures.

N. B. Pour les fournitures nous renvoyons le lecteur au Tarif prix courant de L. Caron.

II — Vitrerie.

Ouvrages au mètre superficiel.

Verre demi-blanc dans les mesures du commerce fournitures, pose, etc. par surface au-dessus de 4 mètres, dans le même établissement mais sans nettoyage :

			choix	
simple	pour croisées, portes et châssis verticaux : en	trav. neufs	4° choix	3.40
			3° —	3.80
			2° —	4.65
		entretien	4° choix	4.55
			3° —	5 »
			2° —	5.85
	châssis de combles, lanternes ou marquises posé à bain de mastic avec recoupement au-dessus en :	trav. neufs	4° choix	4.20
			3° —	4.60
			2° —	5.45
		entretien	4° choix	5.95
			3° —	6.40
			2° —	7.25
demi-double	croisées, portes et châssis verticaux en :	trav. neufs	4° choix	4.40
			3° —	5.00
			2° —	6.30
		entretien	4° choix	5.60
			3° —	6.30
			2° —	7.55
	châssis de combles, lanternes, marquises, etc., en :	trav. neufs	4° choix	5.20
			3° —	5.80
			2° —	7.10
		entretien	4° choix	7.00
			3° —	7.70
			2° —	8.95
double	croisées, portes et châssis verticaux en :	trav. neufs	4° choix	5.40
			3° —	6.20
			2° —	7.90
		entretien	4° choix	6.65
			3° —	7.55
			2° —	9.25
	châssis de combles, lanternes ou marquises, etc., en :	trav. neufs	4° choix	6.20
			3° —	7.00
			2° —	8.70
		entretien	4° choix	8.05
			3° —	8.95
			2° —	10.65

Plus-value pour vitrerie exécutée par surface au-dessous de 4 mètres, dans le même établissement, travaux neufs ou entretien :

— pour châssis, croisées et lanternes de combles ou marquises . . . . le m. sup. 0.05

— pour vitrerie faite en croisées, châssis verticaux et portes avec partie en fer et bois ou tout en fer. — 0.50

Pose à façon de verre simple demi-double double ou cannelé au m. sup. — dans les mesures du commerce fournitures et accessoires compris sans nettoyage :

par surfaces au-dessus de 4 m. dans un même établissement.	croisées, châssis et portes	trav. neufs 1.40 / entretien.. 2.15
	châssis de combles, lanternes ou marquises pose à bain de mastic	trav. neufs 2.20 / entretien.. 3.85
par surfaces au-dessous de 4 mètres.	croisées, châssis, etc.	trav. neufs 2.05 / entretien.. 3.10
	châssis de comble, etc.	trav. neufs 2.85 / entretien.. 4.50

plus-value pour pose de verre en châssis, avec parties en fer et bois ou tout en fer : prix moyen 0.50

Verre mousseline ou hors mesure pour croisées ou châssis de combles : augmentation de 1/5 en plus des prix de pose ci-dessus.

Pose de vitres, dalles à bain de mastic, ou sur ciment Portland jusqu'à concurrence de 1 mètre. le m. sup. 11 »

— pour l'excédent de 1 m. au-dessus de 1 m.. — 7.15

Pavés, dalles isolées de 0.12 à 0.20, prix moyen... la pièce 1.35

Dépolissage au grès de verre simple, demi-double ou double mesure compris risque de casse. le m. sup. 2.25

Rive de joints vifs à l'émeri. . . . . le m. linéaire 0.80

Liens de plomb. . . . . la pièce 0.04

Dépose de verre compris démasticage, grattage et
  nettoyage de l'ancien mastic, rangement
  des verres et enlèvement des débris pour
  croisées, portes, etc . . . .   —   0.90

— dito — pour châssis de combles, lanternes. . .   —   1.35

Dépose et repose de vasistas. . . . . la pièce 0.60

— de châssis de toit, entretien. . . . .   —   0.35

Coupe circulaire pour plus-value. . . . . la pièce 0.07

Masticage de croisées en réparation, enlèvement
  et grattage de l'ancien mastic . . . . le m. lin. 0.10

— dito de châssis de combles. . . . .   —   0.20

  Les contremasticages seront payés moi-
  tié du masticage. . . . .

Nettoyage sur les deux faces de carreau ou
  glace à vitrage, verre fourni ou non : jus-
  qu'à 1 mètre à l'équerre. . . . . la pièce 0.06

— de 1.01 à 1 m. 40, 0.08 — au-dessus. . . . . . .   —   0.20

— dito de recouvrement de verre. . . . . le m. lin. 0.05

— dito de glace étamée. . . . .   —   0.20

  Lorsque les nettoyages sont faits d'une
  seule face les prix sont diminués de moitié.

Journée de vitrier.

Heures de jour, été et hiver, compris outillage, l'heure. 1.08

Heures supplémentaires, quant à la fin de la journée régle-
  mentaire de 9 heures, le travail sera continué sans interruption
  jusqu'à concurrence de deux heures en plus, le temps en heure
  supplémentaire sera payé 1/4 en plus.

Heures de nuit au-delà de ce délai, le travail sera considéré
  comme effectué de nuit et les heures seront payées le double des
  heures du jour.

Observations. Tous les prix de réglement ci-dessus s'appliquent à des travaux qui auront employé au moins la journée d'un ouvrier.

Pour les travaux minimes, qui n'auraient pas employé la journée, il sera ajouté à l'ensemble du règlement, pour le dérangement de l'ouvrier, le prix d'une heure de travail, sauf le cas où le travail fait aura été compté en temps comprenant celui du dérangement.

Cette plus-value ne sera admise, qu'autant que le fait aura été constaté régulièrement.

III. — **Tenture**.

Bande pour fourniture et **pose** de toile forte de 0.10 de large, fournie, collée et clouée, pour former charnières ordinaires.......	le m. lin.	0.18
— plus-value pour charnières à soufflet......	—	0.07
— à l'eau, à l'anglaise, double papier gris sur poteaux de remplissage, huisseries ou entretoises.........................	—	0.06
— dito en papier gris pour bordage de toile ou de porte sous tenture.................	—	0.05
— de tenture, pour bordage de porte sous tenture, portes de placard et bordure de glace...........................	—	0.04
— en zinc n° 12 de 0ᵐ027 clouée...........	—	0.31
— vieille en zinc ou tôle, pour dépose, repose, redressage et clouage neuf...........	—	0.19
— en zinc à T de 0.05 développé ; fournie et clouée en feuillure....................	—	0.50
— dépose, redressage et repose, clouage neuf	—	0.32
Papier d'apprêts gris bis fournis et collés le rouleau	—	0.64
— bulle ordinaire — —	—	0.69
— pâte bleue — la main	—	0.68
— papier goudron — —	—	0.52

Bande plus-value pour collage de pâte bleue dans
les rayons ou armoires.................. — 0.19
— en plafond........................... — 0.06
Ponçage de papier d'apprêt, pour tenture soignée le m. sup. 0.04
Collage de papiers peints, ordinaire ou à dessin,
le rouleau........................ — 0.55
— mat fin satiné ou vernis ordinaire le rouleau — 0.60
— fond uni mat fin ou uni glacé et velouté ordinaire doré ou vernis, le rouleau........ — 0.67
— velouté à joints vifs, avec bandes sous
jonction, le rouleau................... — 1.33
— cuir repoussé et carton gobeliné collé à
joints vifs, le rouleau................. — 1.60
— plus value pour collage au plafond de papiers mats ordinaires, le rouleau........ — 0.07
— dito, de papiers satinés, unis, glacés ou
veloutés, le rouleau.................. — 0.10
Collage de bordures, filets ou champs et papier mat
ou satiné.......................... le m. lin. 0.04
— en papier velouté ou doré.............. — 0.055
— dito, plus-value pour collage de bordure
dorée veloutée ou mate, par chaque 0.05
de large en plus de 0.08.............. — 0.05
— plus-value pour collage sur baguette en papier uni satiné ou velouté............. — 0.05
Plus-value de collage de bordure découpée d'un côté. le m. lin. 0.025
— découpée des deux côtés.............. — 0.004
Toile neuve fournie, clouée, marouflée, compris
bordage.......................... le m. sup. 0.51
— vieille, détendue et retendue............ — 0.27
— plus-value pour pose en plafond.......... — 0.07
Calicot, fourni, collé et marouflé en plein à la
colle de pâte...................... — 0.92
— collé seulement..................... — 0.32

plus-value pour collage en plafond.............　　　—　　0.06

Découpage de bordure, galerie, torsade ou crête

d'un côté.......................... le m. lin. 0.04

— dito des 2 côtés....................　　　—　　0.08

— de fleurs d'un côté..................　　　—　　0.065

— dito des 2 côtés.... ....　　　—　　0.13

— plus-value pour découpage à jour de bor-

dures à fleurs......................　　　—　　0.045

Grattage d'anciennes bordures veloutées jusqu'à

0.10 de large................　　·　　0.045

La *journée* de colleur est la même que celle de peintre.

IV — Mode de mesurage
de certaines parties de travaux de peinture.

Les ouvrages comptés au mètre carré seront mesurés comme suit :

1° — Tous les vides seront déduits et toutes les moulures ou feuillures seront développées suivant leur profil.

2° — Les *croisées* et les *portes-croisées* seront mesurées suivant leurs mesures réelles, en y ajoutant les épaisseurs des dormants, gueules de loup, jet d'eau et pièces d'appui.

3° — Les *carreaux* ayant moins de 0.66 à l'équerre ne seront pas déduits ; les carreaux ayant plus de 0.66 seront déduits suivant leurs dimensions, moins cinq centimètres sur la hauteur et cinq centimètres sur la largeur.

Les *petits bois* moulurés ou non, ainsi que les moulures des battants encadrant les verres pour les chassis, croisées et portes-croisées, ne devront jamais être développés dans le mesurage des peintures et apprêts, quelque soient les dimensions de leurs profils.

Les *persiennes* à 2 vantaux seront comptées à 3 faces pour deux, sans développements ni épaisseurs, et compris toutes ferrures, sauf celles détachées sur ravalement en pierre, qui seront seules payées à part.

Les *persiennes* à 4 vantaux seront comptées 4 faces pour deux compris ferrures, sauf celles détachées sur ravalement en pierre, qui seront seules payées à part.

Les *treillages* seront comptés y compris les faces des poteaux, dont les épaisseurs seront comptées pour leur surface réelle, suivant l'ouverture réduite des mailles.

Savoir :

    ceux à maille jusqu'à 0.05 à 3 faces pour deux ;

        0.51 de à 0.08 à 2 faces 1/2 ;

        de 0.081 à 0.11 à 2 faces ;

        de 0.111 à 0.15 à 1 faces 1/2 ;

        de 0.151 à 0.20 à 1 face.

Les treillages peints sur une face seulement seront comptés aux 3/4 des évaluations ci-dessus.

Les *grillages* seront comptés y compris les châssis au pourtour. Savoir :

    ceux à maille jusqu'à 0.019,3 faces pour deux ;

        de 0.020 à 0.024, à 2 faces 1/2 ;

        de 0.025 à 0.029, 2 faces ;

        de 0.30 à 0.40, 1 face 1/2 ;

        de 0.041 à 0.050, 1 face.

Les *châssis* et vitrages en bois ou en fer seront mesurés comme les croisées.

Les *ornements* en carton-pierre ou autres seront comptés à 3 fois la surface réelle, la mesure prise sans aucun développement.

CHAPITRE XV

Tablettes du Peintre.

1. **Acétates** — Les acétates sont le résultat de la combinaison de l'acide acétique avec des bases ; ils sont faciles à reconnaître par l'odeur du vinaigre qu'ils répandent, quand on les traite par l'acide sulfurique. Ceux employés dans la peinture sont ; l'*acétate de plomb* (sel de saturne) l'*acétate de cuivre* (verdet).

2 **Acides.** — On nomme acide toute substance solide, liquide ou gazeuse qui produit sur la langue une saveur aigre et piquante ; les acides sont de violents poisons et il est dangereux de s'en servir lorsqu'ils sont concentrés. — Les acides employés dans la peinture sont : *acide sulfurique* (vitriol), *acide chlorhydrique* ou *muriatique* (esprit de sel ou eau de rouille), *acide azotique ou nitrique* (eau forte), *acide acétique* (vinaigre de bois), *acide phénique* (phénol).

3. **Acier.** — Pour le préserver de la rouille on fait usage de plusieurs compositions, dans lesquelles il entre du suif, mais il est plus simple de faire emploi de la *vaseline*, ou du pétrole ; l'*huile cuite* est aussi un excellent procédé pour empêcher l'oxydation.

4 **Air.** — On purifie l'air dans les appartements en versant lentement du vinaigre sur de la craie en poudre (blanc de Meudon) jusqu'à ce que le mélange ne bouillonne plus. — On décante avec soin le liquide qui surnage et la partie solide est mise à part pour faire sécher ; quand on veut en faire usage, il suffit de mettre cette craie dans un vase de terre et d'y verser quelques gouttes d'acide sulfurique ; la vapeur blanche qni s'en dégage assainit l'air en masquant les odeurs désagréables.

5. **Albâtre**. — Pour *raccomoder l'albâtre*, on emploie la colle céramique ou bien la colle de caséum ; — pour *nettoyer l'albâtre*, on fait d'abord disparaître les traces graisseuses avec un peu d'essence de térébenthine, puis on forme une pâte avec ponce à la soie bien fine et eau et, au moyen d'un tampon de toile, on frotte la surface de l'albâtre ; — on lave ensuite et on laisse sécher.

6. **Alcool**. — L'alcool est le résultat de la fermentation spiritueuse du vin, du cidre, de la bière, etc. L'alcool pur est liquide, incolore et brûlant ; sa densité est de 800°, il bout à la température de 80°. L'alcool est le dissolvant le plus employé après l'eau, il est utile pour dissoudre surtout les matières grasses, les résines et les essences. Dans la peinture on emploie l'alcool dénaturé ou encore l'esprit de bois, à cause du bas prix, pour brûler les devantures au moyen de la lampe à souder — ils doivent avoir au moins 90° centigrades.

7. **Alcool camphré**. — En voici la formule :

Alcool pur   500   grammes
Camphre   150   —

Ce liquide s'emploie en compresses ou en dissolution dans l'eau, de manière à en affaiblir la force ; il entre dans la composition de l'eau sédative.

8. **Alumine**. — L'alumine est la combinaison de l'oxygène et de l'aluminium, il se rencontre dans la nature sous forme de cristaux colorés par des oxydes métalliques, telles sont les pierres précieuses *saphir* (bleu), *rubis* (rouge), *corindon* (incolore). L'alumine se trouve aussi dans les argiles, les ocres ; comme base, elle constitue avec l'acide sufurique le *sulfate d'alumine*.

9. **Alun**. — Sel soluble astringent et âcre formé par la combinaison du sulfate d'alumine et du sulfate de potasse, de soude ou d'ammoniaque ; le plus recherché est le premier, on l'appelle *alun de potasse* ou alun de glace à cause de ses cristaux transparents. — Ce sel est employé dans la fabrication des colles, pour empêcher la putréfaction des matières organiques et comme mordant dans les badigeons ou encollages ; il est très utilisé dans l'industrie des

papiers et des peaux. — En cas d'empoisonnement par l'alun, on fait usage du bi-carbonate de soude comme contre-poison.

10. **Amiante**. — C'est une substance minérale composée de silice et de magnésie, elle se présente sous la forme de filaments nacrés et soyeux, elle est incombustible et fusible. — On tire l'amiante de l'Italie et du Canada, l'industrie en fait du carton, du papier et des vêtements incombustibles ; elle entre dans la préparation des peintures ayant pour but d'empêcher ou de retarder l'action du feu sur les boiseries, décors de théâtre, etc. — On se sert d'amiante en poudre que l'on mélange avec du silicate de potasse et un peu de blanc de Meudon, sous forme de peinture épaisse : les résultats laissent encore à désirer.

11. **Ammoniaque**. — Les deux gaz hydrogène et azote combinés ensemble dans la proportion de 1 azote et 3 hydrogène, forme le gaz ammoniac, qui se liquifie sous une pression de 8 atmosphères et qui prend en cet état le nom d'*ammoniaque liquide*.

Le *sel ammoniac* s'obtient en calcinant dans des cornues de fonte les débris sans valeur de laine, d'os, de cuir, de sang, etc.; les urines fournissent aussi ce sel qu'il faut ensuite sublimer pour lui donner la forme de pain, ainsi qu'on le trouve dans le commerce. On se sert du sel ammoniac pour décaper les métaux que l'on veut souder, on l'emploie aussi dans l'électricité et dans l'étamage du cuivre.

L'*alcali* ou ammoniaque liquide est un caustique excellent contre la morsure des serpents et des chiens enragés ou la piqûre d'insectes nuisibles. Quelques gouttes dans un verre d'eau sucrée suffisent pour dissiper l'ivresse. On l'utilise pour enlever les taches produites par des acides et dans la peinture pour enlever d'anciennes couches de vernis.

12. **Ammoniaque camphré**. — Appelée vulgairement *eau sédative* dont voici la formule :

Ammoniaque liquide	60	grammes
Alcool camphré	10	—
Chlorure de sodium (sel marin)	60	—
Eau distillée	1000	—

Faire dissoudre le sel dans l'eau, ajouter l'alcool puis l'ammoniaque, agiter au moment de l'emploi en compresses.

13. **Appartements**. — On reconnait facilement qu'un appartement est humide lorsque le plafond est jaune, les boiseries pourries, les ferrures rouillées, lorsque le sel et le sucre y fondent en peu de temps. L'habiter est malsain, c'est s'exposer aux fièvres, aux rhumes, rhumatismes, etc. On assainit en appliquant les enduits de L. Caron.

14. **Arcanson**. — Nous avons dit, chapitre III, que c'était le résidu de la distillation de l'essence de térébenthine, on l'appelle aussi *colophane* et *brai*. On emploi l'arcanson pour souder l'étain, pour faire des mastics à fontainiers ou à tourneurs, des cires à bouteilles et à cacheter les paquets ; il entre dans la fabrication des vernis communs dits de Hollande, peu employés aujourd'hui, du moins en France.

15. **Ardoise artificielle**. — On remplace l'ardoise sur tableaux d'école en employant une peinture dure, adhérant au carton, au papier ou boiserie ; la recette est facile :

Vernis gomme laque à 180 grammes	1 litre
Potée d'Emeri n° 0	200 grammes
Noir léger	100 —

Trois couches suffisent ; poncer entre chaque couche.

16. **Arsenic**. — On appelle vulgairement arsenic, l'acide arsénieux en poudre blanche qui contient 1 d'arsenic et 3 équivalents d'oxygène ; on le désigne aussi sous le nom de mort aux rats. — C'est un poison dangereux et son emploi est plutôt réservé à l'industrie des peaux ; on faisait autrefois usage de l'*orpin* jaune qui était un arsenite (sulfure); le *vert métis* ou de Schweinfurt est aujourd'hui la seule couleur qui en contienne (arséniate de cuivre).

17. **Aventurine**. — On appelle ainsi des paillettes produites par

des quartz (mica) ou fabriquées avec du verre mêlé de limailles de cuivre ou d'étain, ces paillettes dorées ou argentées sont encore employées dans la décoration, notamment par les éventaillistes.

18. **Benjoin.** — C'est un baume aromatique produit par le *styrax-benzoni* que fournissent Sumatra et les Iles de la Sonde. — Il se rencontre en masses cassantes et d'un jaune tantôt grisâtre, tantôt blanchâtre ; il a une odeur qui se rapproche de la vanille ; il entre dans la composition des vernis à sculptures au pinceau, des pastilles du sérail et de la teinture de benjoin (lait virginal).

19. **Benzine.** — La benzine est un hydrocarbure liquide incolore et très volatil que l'on obtient en purifiant l'huile légère de goudron de houille ou du pétrole ; elle sert au nettoyage des gants de peau ; traitée par l'acide nitrique, elle produit le *nitro-benzine* ou l'essence de mirbane qui possède une odeur accentuée d'amandes amères. — On emploi la benzine comme dissolvant du caoutchouc ; — on s'en sert dans l'usage domestique pour détruire les insectes qui se réfugient dans les fentes des murs ou des parquets. — C'est un produit très inflammable.

20. **Bismuth.** — On dénomme ainsi le sous-nitrate de bismuth en poudre blanche, peu employé dans la peinture ; — c'est un sel inoffensif employé plutôt comme médicament dans les diarrhées, cholérines, etc. (pris à petites doses). — On s'en sert également pour préparer le *blanc de fard* ou blanc de bismuth.

21. **Bistre.** — C'est une couleur roussâtre, tirée de la suie calcinée et se rapprochant de la sépia ; il entre dans la composition du *brou de noix* employé pour teindre les meubles neufs en vieux chêne.

22. **Bois et marbres imités**. — Depuis quelque temps on fait usage pour imiter les bois et marbres, de la *madrure instantanée* sur rouleaux de papier de 8 m. $\times$ 0,50 (le rouleau 3 à 3 fr. 50). C'est une sorte de décalcomanie sur une couche de fond, et l'opérateur doit procéder de la manière suivante :

Couper du rouleau un morceau de dimension voulue, le mettre sur une table, le côté imprimé en dessous ; passer à différentes reprises sur le côté non imprimé une éponge moitié imbibée d'eau jusqu'à ce que le papier soit bien humecté.

Cela fait et le papier étant suffisamment imbibé, attendre 2 à 3 minutes que le dessin présente un certain brillant et préparer entre-temps la surface qui doit recevoir l'impression en l'épongeant légèrement et en ayant soin de bien étendre l'humidité à l'aide d'une brosse ; ensuite, appliquer la feuille du côté imprimé en évitant de faire des plis. Faire adhérer en passant la brosse et en frottant de tous les côtés.

Après cela, retirer le papier et passer un spalter sur la madrure, dont il faut suivre les veines dans le sens de la longueur.

Cette opération doit se faire le plus vite possible, parce que la couleur de la madrure étant à l'eau sèche immédiatement.

Après un quart d'heure on rend l'objet uni avec du papier de verre et on procède au vernissage.

Pour pouvoir opérer vite il faut humecter plusieurs feuilles à la fois et les employer l'une après l'autre, selon les renseignements ci-dessus.

Aussitôt sèches, les feuilles doivent être humectées de nouveau d'une manière uniforme.

Avec un peu d'expérience on peut obtenir 4 à 5 copies égales de chacune de ces feuilles et arriver à faire 30 à 40 panneaux dans une heure.

23. **Bronzage des statuettes en plâtre.** — Il faut tout d'abord que le plâtre soit bien sec, et ne contienne pas d'humidité ; alors on passe une première couche d'huile grasse siccative, puis une autre couche, qu'on laisse sécher de façon à lui conserver un peu de poissage ou d'amour ; avec un pinceau ou bien de la ouate, on prend de la poudre de bronze (or, argent, vert, blanc ou florentin) que l'on fait adhérer sur la couche d'huile encore moite. Si l'on désire la statuette en bronze blanc, mettre dans les fonds un peu de bronze blanc mêlé de bronze florentin, pour faire bien détacher les parties saillantes.

Un autre moyen est de cuivrer la statuette, en la trempant pendant quelques minutes dans un bain de cire jaune chaude, puis on passe dessus une couche de plombagine et on met ensuite la statuette dans un bain de sulfate de cuivre qui se trouve relié ainsi que la statuette aux deux pôles d'une pile *Radiguet*. Il se forme sur la statue un dépôt de cuivre, on lave et on laisse sécher, ensuite passer de la plombagine dans les parties ombrées ou creuses, et frotter avec une brosse cirée, les parties en relief pour simuler l'usure; — on possède de la sorte un bronze véritable.

24. **Buée sur les vitres.** — On évite la buée en frottant les vitres avec un chiffon imbibé de quelques gouttes de glycérine, après les avoir préalablement nettoyés.

25. **Cadres dorés.** — Pour nettoyer les cadres dorés il convient de battre ensemble :

Eau de javel ordinaire   40 grammes
Blanc d'œufs (albumine) 80   —

On emploie ce mélange au moyen d'un pinceau, puis on éponge avec un linge bien fin, sans peluche ; et lorsque toute humidité a disparu, on peut laisser tel ou vernir avec vernis blanc à l'or.

26. **Camphre.** — Le camphre est une huile essentielle, extraite du *Laurus camphora*, qui a l'avantage de rester solide et qui possède une propriété anti-putride et vermifuge à un très grand degré ; il s'évapore facilement ; aussi s'en sert-on sous forme de sachets pour garantir les vêtements, les fourrures et les pinceaux de poils, contre la piqûre des vers. — On vend dans le commerce sous le nom de *camphréïne* un produit solide composé de camphre et de naphtaline. On fabrique aussi artificiellement une sorte de camphre avec acide chlorhydrique et essence de térébenthine.

27. **Carbonates.** — On désigne ainsi un sel neutre composé d'acide carbonique et d'une base quelconque : carbonate de chaux (marbre, craie), carbonate de plomb (céruse), carbonate de soude (cristaux de soude), carbonate de potasse (sel de tartre), bi-carbonate de soude (sel de Vichy), carbonate de magnésie, etc.

28. **Caoutchouc.** — Le *caoutchouc* est produit par le suc laiteux

de plusieurs végétaux, notamment le *figus-elastica*, plante de l'Inde que l'on a acclimaté depuis quelques années pour l'ornement de nos jardins et de nos appartements. — Le caoutchouc se compose de huit parties de carbone et sept parties d'hydrogène, il s'amollit à plus de 30° et perd son élasticité à 0° ; on obtient la vulcanisation du caoutchouc par une addition de soufre (bi-chlorure de soufre) et on lui fait prendre diverses formes au moyen de moules ; le caoutchouc se dissout dans le sulfure de carbone, dans la benzine et l'essence de térébenthine rectifiée, il se gonfle dans le pétrole, il est très employé dans l'industrie, mais surtout, il sert à fabriquer des colles pour courroies de transmissions, des vernis et peintures hydrofuges.

29. **Carreaux de vitres** (nettoyage des). — Lorsque le peintre enlève des verres ayant séjourné longtemps sur un châssis de toit, ces vitres ont subi l'injure du temps, elles sont salies par la pluie, la poussière, la fumée ou recouvertes d'une couche épaisse qui fait corps avec elles ; pour s'en servir au besoin, le peintre doit les laver avec une solution d'acide hydrochlorique (esprit de sel) une partie et trois parties d'eau, les rincer ensuite avec de l'eau claire. Il faut employer pour cet usage la brosse de chiendent.

Les vitres ayant subi ce nettoyage valent des neuves et le diamant a de la prise pour les couper.

30. **Carreaux de cuisine.** — Souvent le carrelage est usé et inégal de nuances, on remédie à ces inconvénients en lui donnant une couche uniforme. Après l'avoir préalablement bien lavé, on prépare une peinture à la détrempe faite d'ocre rouge délayée dans un peu d'eau, auquel mélange on ajoute une partie de colle pour fixer, étendre avec un chiffon ou pinceau et laisser sécher. Cette détrempe qui est économique est en usage dans les pays du Nord ; elle dure environ quinze jours, après quoi, on recommence l'opération.

31. **Carton.** — On donne le nom de *carton* à une feuille épaisse de pâte de papier ; la *carte* se compose de plusieurs feuilles collées l'une sur l'autre ; le *carton pierre* employé pour le moulage

d'ornements est fait de carton, de colle de nerfs, de craie et d'argile ; le *carton cuir* est fabriqué avec des déchets de peaux que l'on broie en pâte avec des colles et ensuite moulé ; le *carton bitumé* employé comme couverture est une sorte de carton pâte enduit de goudron de gaz et sablé de gravier sur une des surfaces.

32. Chaux éteinte. — Pour éteindre la chaux vive, on verse peu à peu de l'eau, la masse s'échauffant, dégage des vapeurs, elle se fendille et se transforme en une poudre blanche : c'est la chaux éteinte ou *hydratée*. Elle fait la base des badigeons pour le blanchiement des maisons.

33. Chlore. — On donne souvent ce nom au *chlorure de chaux* sec, ou hypochlorite de chaux en poudre blanche, âcre, piquante, exhalant une odeur de chlore, attirant l'humidité, et excellent désinfectant pour les plombs, latrines, écuries, etc.

34. Cartes. — On encolle les cartes géographiques avec colle de peau, ou préférablement avec colle de Flandre, dans laquelle on ajoute un peu de savon blanc Payen' (savon de Marseille) et alun en poudre. — Deux couches suffisent pour empêcher l'embus du vernis qui sera employé pour lui donner du brillant ; on vernit avec vernis blanc cristal, ou copal surfin, à couche légère bien que maniée.

35. Cirage. — On donne souvent ce nom à une composition dans laquelle la cire n'entre pour rien et seulement parce qu'en frottant on obtient du brillant ; tel est le *cirage pour la chaussure* dans la confection duquel il entre noir d'os, mélasse, acides sulfurique et muriatique, huile de pieds de bœuf ou de colza. Les acides employés ont pour objet de brûler les matières organiques et de rendre homogène la pâte obtenue. On trompe souvent le public en annonçant un cirage onctueux sans acide, car on ne l'obtient pas autrement.

Le *cirage à harnais* est fabriqué différemment et contient de la cire en quantité suffisante pour conserver le brillant sans nuire à la qualité du cuir.

36. **Cinabre.** — Belle couleur rouge qui résulte d'un sulfure de mercure. — On le désigne plus souvent sous le nom de *vermillon*.

37. **Cire.** — Il existe plusieurs sortes de cire qui jouissent des mêmes propriétés : 1° La *cire animale* ou cire d'abeilles qui provient des rayons dont on a enlevé le miel ; 2° la *cire minérale* qui est une cire fossile carburée, connue sous le nom de *cérésine* : cette cire sert à frauder la cire d'abeilles et à fabriquer les encaustiques ordinaires connue dans le commerce sous la désignation d'encaustique chinoise ou japonaise, etc. ; 3° la *cire végétale* qui provient des fruits de l'arbre à cire et employée dans la fabrication des cierges et du plâtre plastique.

La *cire jaune* après avoir subi un traitement est décolorée par un séjour prolongé au soleil et prend le nom de *cire blanche* ou *cire vierge*, elle est plus sèche, plus cassante et sert à fabriquer les cierges, les encaustiques blanches (cire à l'essence).

La cire d'abeilles rend d'éminents services à l'industrie, mais, en raison de son prix plus élevé, il n'existe pas de produit plus sujet à la sophistication ; on y signale souvent la présence de cérésine, fécule, paraffine, suif, dextrine, ocre, baryte, etc. — Il est difficile à première vue de distinguer la fraude ; cependant en la cassant brusquement, sa coupe qui doit être droite quand la cire est pure, n'est pas régulière et si l'on fait fondre avec sel de tartre et savon, comme pour une encaustique à l'eau, il se forme à la surface une substance huileuse, qui durcit en séchant, sans avoir été dissoute. — On peut également constater la pureté de la cire en la mâchant : lorsqu'elle est pure elle forme un mastic homogène sous la salive, tandis qu'elle se sépare, lorsque la cire contient des matières étrangères.

Les produits vendus sous les noms de *cire à cacheter*, *cire à bouteilles* sont plutôt des mastics à base de gomme laque ou de résine ; — les cires à *sceller* et à *modeler* sont fabriquées avec cire d'abeilles, fécule, résine et térébenthine de Venise.

Peinture à la cire. — On prépare ces couleurs à l'huile d'œillette ou les prendre en tubes. On détrempe avec cire vierge fondue à l'essence à laquelle on ajoute un peu de vernis blanc copal pour plus de fixité ; pour avoir un vernis brillant on chiffonne lorsque l'enduit est bien sec. Pour peindre sur cire, cierges, bougies, etc., il suffit de passer une couche de fiel de bœuf spécialement préparé et de se servir de cette substance pour délayer ses couleurs broyées au miel (couleurs moites).

38. **Coaltar.** — On appelle ainsi le goudron qui provient de la distillation de la houille plus connu sous le nom de *goudron de gaz*, qui a son emploi comme peinture anti-septique pour hangars, couvertures et pieux à enterrer. On peint difficilement à l'huile sur le goudron et l'asphalte ; cependant, parmi les procédés mis en pratique, nous conseillons le vernis à la gomme laque, ou le Préservatif-Léo, qui isolent la peinture et empêchent sa décomposition.

39. **Colcotar.** — On donne ce nom à un peroxyde rouge de fer provenant de la calcination du sulfate de fer. Il sert à nettoyer les bijoux en or ou argenterie sous le nom de *rouge anglais*. Le rouge de Saint-Gobain ou potée rouge convient également à cet usage.

40. **Coloration des bois.** — On emploi à cet usage les couleurs d'aniline : rouges, noires, violettes, bleues, etc., qui se dissolvent à l'eau chaude ou à l'alcool, l'acide picrique pour le jaune ; mais la teinture ainsi préparée n'a pas suffisamment de solidité, surtout si les bois sont exposés au soleil. Il est préférable d'avoir recours surtout pour bois tendres, aux extraits de bois exotiques qui donnent une coloration plus durable, plus pénétrante ; c'est en se basant sur les propriétés assimilables des bois de teintures, Fustel, Brésil, Campêche, Santal, Fernambouc, etc., que M. L. Caron a fabriqué ses *teintures concentrées liquides* : acajou, jaune, noyer, vieux chêne, noire et palissandre, d'un emploi facile au pinceau — les bois peuvent être ensuite cirés ou vernis.

41. **Colles.** — Nous avons expliqué chapitre VIII de cet ouvrage la fabrication et l'emploi des colles de pâte, de peau, de Flandres et autres en usage dans la peinture ; mais il en est d'autres qui ont leur utilité dans l'industrie ou dans le ménage pour recoller ou

réparer les meubles, le verre, la porcelaine, etc. La *colle forte* de Givet ou de Lyon convient pour le bois, la reliure, — on prépare une excellente *colle à froid* en cassant la colle forte en petits morceaux que l'on fait fondre au bain-marie ; aussitôt fondue, y ajouter 1/10 de vinaigre (ou acide acétique), cette colle se conserve et peut être employée à froid pour réparation de meubles, chaises et boiseries.

On obtient une bonne colle pour la faïence et le marbre en mélangeant : silicate de potasse 40°, glycérine et poudre de marbre ; on emploie aussi un mélange de céruse et de glycérine, ou bien encore céruse et vernis copal blanc ; la colle forte dissoute au bain-marie dans laquelle on incorpore une dissolution de 1/50 de bi-chromate de potasse donne une colle hydrofuge excellente pour les courroies de transmission. — On emploi avec succès pour le marbre, un mélange de lithochrome et blanc de zinc.

La *colle de poisson* provient de la partie intérieure des vessies natatoires d'esturgeons : c'est plutôt une sorte de gélatine, qui est vendue en cordons et en feuilles ; pour la dissoudre on la met macérer dans l'eau pendant 12 heures, ensuite on la fait bouillir en ajoutant un peu de vinaigre ou d'alcool pour la conserver ; — cette colle qui est excellente pour le bois et la porcelaine est surtout employée sous forme de gelée pour clarifier les vins, la bière et les sirops.

La *colle de riz* appelée aussi colle du Japon est une colle fabriquée avec farine de riz, elle est très blanche, adhésive, mais se conserve peu à l'humidité, elle peut remplacer la colle de pâte, et pour cela on y ajoute lorsqu'elle est prise, un peu de chlorure de magnésium, en battant le mélange.

La *colle à bouche* est un colle forte ramollie à laquelle on ajoute 1/10 de son poids de sucre et une essence pour aromatiser. — Elle est ensuite mise en tablettes minces de diverses dimensions.

La *colle de gomme* est plus connue sous le nom de gomme liquide, elle est en usage dans les bureaux pour coller le papier. On la prépare en faisant fondre de la gomme arabique blonde dans quantité d'eau suffisante, mais la gomme du Sénégal étant hors de prix, on la remplace par la *dextrine* (ou gommeline).

On rend les colles animales *imputrescibles* en y incorporant un peu d'essence de térébenthine ou de lavande.

42. Conservation des fourrures. — Pour conserver les fourrures et les vêtements, et les préserver pendant l'été, contre les mites et les vers, il suffit de mettre dans les caisses qui les renferment un sachet contenant soit du camphre, soit de la naphtaline, ou un mélange de ces deux produits.

43. Conservation des bois. — On conserve les bois, plinthes et lambris de différentes manières, par des agents anti-septiques : sulfates de zinc, de cuivre ou de fer, ou par des peintures hydro-fuges : Enduits de L. Caron, goudron, vernis minéral ; par immer-sion, ou bien encore par carbonisation, notamment pour les pieux à enterrer.

44. Conservation des pierres. — Pour obvier à l'inconvénient qu'ont certaines pierres tendres de s'effriter sous l'action du soleil ou de la gelée, on emploie une dissolution de silicate de potasse ou la fluatation. On répare les éclats ou les joints avec *ciment-pierre* (lithochrôme et similipierre).

45. Conservation des livres. — On évite la moisissure et taches jaunes sur les livres d'une bibliothèque, en mettant sur les tablettes qui les supportent un flacon à large ouverture contenant de l'essence de térébenthine.

46. Couleurs d'aniline. — Les couleurs d'aniline dérivent du goudron de houille, ainsi que la benzine, le phénol, la naphtaline et quantité d'autres produits utilisés dans l'industrie. Elles four-nissent des matières colorantes employées dans la teinture des tissus, mais, malheureusement, elles manquent de stabilité ; néan-moins la chimie a fait depuis quelque temps de si grands progrès dans la fabrication de ces couleurs qu'elle a doté l'industrie de quantité de nuances plus stables, bien que le dernier mot n'en soit pas encore dit. — En peinture, on emploie l'*éosine* pour préparer s rouges imitant le vermillon, et d'autres couleurs pour le violet agenta, le rouge Solférino, le rouge Turc, etc.

47. Couperose. — On donnait autrefois ce nom au sulfate de r (couperose verte), au sulfate de zinc (couperose blanche) et u sulfate de cuivre (couperose bleue) : ce sont d'excellents antiseptiques et des mordants pour la teinture.

48. Cuir imperméable. — Pour obtenir une imperméabilité omplète du cuir, on fait usage d'une composition dans laquelle, entre du caoutchouc, de l'huile de lin et de la cire ; du vernis capottes au sperme de baleine ; de la *vaseline*, à laquelle on ajoute n peu de cire.

49. Curcuma. — On donne aussi le nom de *terra-mérita* à une poudre jaune qui provient de la pulvérisation de la racine d'une plante tinctoriale qui croit aux Indes orientales et en Cochinchine. —Sa couleur est jaune-safran et son odeur est aromatique, on s'en ert pour colorer l'encaustique à l'eau.

50. Densité. — Pour obtenir la densité d'un corps, on cherche k rapport de son poids avec un volume égal d'eau ; ainsi le plomb st plus dense que l'eau, parce que sous le même volume il pèse plus, de même que l'eau est plus dense que le liège. Nous ne comparons ici que la densité des produits employés par le peintre en nous basant sur l'eau, dont un litre pèse 1 kilogr :

Alcool 36°	0.830	Lithochrôme	1.200
Acide sulfurique	1.843	Liquide Caron	1.250
— nitrique	1.217	Oxide de zinc	5.050
— muriatique	1.100	Mercure	13.590
Benzine lourde	0.850	Sublimé-corrosif	5.420
— légère	0.720	Sulfate de baryte	4.070
Esprit de bois	0.820	— de chaux	2.033
Essence térébenthine	0.850	Soude caustique	1.300
— minérale	0.700	Silicate de potasse	1.250
Céruse	6.073	Vermillon	2.120
Huile de lin	0.920	Vernis gras	0.920
— de pétrole	0.800	— à l'essence	0.900
Glycérine	1.280	— à l'alcool	0.850

51. Désinfectants. — L'infection se manifeste par suite de la décomposition de corps organiques en gaz odorants et putrides : sulfhydrate d'ammoniaque et carbonate d'ammoniaque ; c'est pour obvier à la toxication de ces gaz qu'on fait emploi d'agents désinfectants : *Le chlorure de chaux*, la vapeur de soufre, le phénol, l'acide phénique, le thymol, les lavages à l'eau saturée d'essence de thym, les sulfates métalliques, le chlorure de zinc, le lithochrôme, etc.

52. Désinfection d'un appartement fraîchement peint. — On évite les émanations plombifères qui le rendent insalubre et dangereux en établissant un courant d'air qui activera la siccativité de la peinture, et aussi en mettant dans un seau du foin mouillé sur lequel on jettera du chlorure de chaux (chlore) — cette opération détruit les miasmes putrides et assainit l'appartement.

53. Dépolissage des vitres. — Après y avoir étendu une peinture blanche un peu maigre, on se sert d'un tampon fait de linge fin pour obtenir le grain du dépoli ; on fait également usage du *dépolisseur cylindrique*, lequel remplace avantageusement le tampon ci-dessus.

. Par l'emploi de cet instrument, on obtient, avec une teinte d'un gris clair, un dépoli d'une finesse comparable à celle des effets produits par l'acide fluorhydrique. Avec les laques rose ou jaune et vert de gris, on obtient l'effet des verres de couleur pour vitraux. On peut également employer le noir, qui laisse au vitrage son aspect primitif.

L'uniformité de la teinte est obtenue en beaucoup moins de temps qu'avec le tampon.

L'outil, d'un maniement très facile, est construit solidement et le prix en est peu élevé relativement (la pièce, 3, 4 et 5 francs).

Mode d'emploi. — Prendre la couleur avec un pinceau, en poser sur la vitre et l'étendre avec le cylindre, en le roulant en tous les sens. On finit par un roulage léger donné dans un même sens, sur toute la surface.

Dès les premiers essais, le peintre obtiendra un résultat satisfaisant.

54. Dextrine. — Substance pulvérulente blanche légèrement [ja]nâtre et soyeuse au toucher qui est obtenue de la fécule de [po]mmes de terre et qui remplace la gomme arabique pour la pré[pa]ration des apprêts pour tissus et des colles.

55. Dorure. — On donne ce nom à une couche d'or qui s'appli[qu]e sur la superficie d'un ouvrage quelconque ; on dore les [mé]taux, le cuivre, le bois, la tôle, le papier, le parchemin, la [so]ie, le velours, etc.

Nous avons expliqué à un chapitre spécial les divers systèmes [de] dorure à l'eau, à l'huile ou artificielle, nous ajouterons seule[m]ent que l'on imite l'or, en délayant de la poudre de bronze avec [ve]rnis à bronzer, mixtion, ou vernis à l'alcool, cette mixture s'ap[pl]ique au pinceau et sèche rapidement.

56. Embus. — Moyen de les éviter.

Lorsque l'on veut *abreuver* suffisamment des boiseries ou mu[ra]illes sur lesquels on désire peindre, on peut par mesure d'écono[m]ie passer préalablement une couche d'encollage, colle économi[q]ue coupée de deux parties d'eau, ou bien encore une mixture [fa]ite de savon gras (1 kilo dissout dans 3 k. d'eau) à laquelle dis[s]olution on ajoute 500 gr. d'huile de lin.

Ces procédés ne sauraient cependant remplacer une bonne cou[c]he d'huile coupée de siccatif, mais nous les indiquons comme très [p]ratiques.

57. Encollage du papier. — Pour colorier une gravure ou [li]thographie imprimée sur papier sans colle, il convient de prépa[re]r le papier par l'encollage suivant : — couper en petits morceaux

Savon blanc de Marseille 50 gram. que l'on fait dissoudre		
dans eau	550 —	sur feu doux
avec colle de Flandres	50 —	le tout fondu ajouter
alun en poudre	15 —	

Cet encollage est étendu à l'aide d'un pinceau plat, à une ou [d]eux couches selon le besoin. — On se sert de cette colle pour [p]réparer les cartes et dessins que l'on doit vernir.

58. Encres. — Il existe plusieurs sortes d'encres qui ont des

applications différentes : l'*encre à écrire*, noire, violette, bleue
etc., non communicative et à copier ; l'*encre d'imprimerie* à base
d'huile cuite ; l'*encre à marquer* le linge à base de nitrate d'argent ;
l'encre à composteurs de cuivre, à base d'huile et de couleurs ;
l'*encre sympathique* ou encre magique, etc., nous en passons et
pour cause, mais nous donnons une recette d'*encre pour écrire sur*
le zinc, qui aura son utilité à la campagne pour étiquettes d'arbres
fruitiers, arbustes, etc.

On triture ensemble, après avoir bien broyé :

sulfate de cuivre	50 grammes	
sel ammoniac	50	—
sulfate de fer	50	—
gomme arabique	50	—
eau de rivière	500	—

lorsque la dissolution est complète on ajoute .

acide nitrique	50	—
noir léger	30	—

ce dernier doit être légèrement humecté d'alcool, pour faciliter son
infusion ; le zinc sur lequel on écrit doit être propre et nettoyé
avec un peu de blanc de Meudon, et bien essuyé ; on peut aussi
après avoir écrit, donner une légère couche de vernis pour conserver indéfiniment.

Encre à graver le verre. — On a vendu sous ce nom une encre
contenue dans de petits flacons en gutta percha et qui avait la
propriété de graver le verre ; on pouvait avec une plume métallique tracer et reproduire des dessins en opérant une sorte de dépolissage. — Cette encre est un mélange de 1 de fluorure d'ammonium, 3 de sulfate de baryum et quantité suffisante d'acide sulfurique, — on obtient de la sorte une liqueur demi-fluide possédant
les propriétés de l'acide fluorhydrique, sans toute fois en avoir les
inconvénients ; au moment de l'emploi on doit agiter le flacon qui
contient cette encre destinée à rendre de grands services.

Encre à timbrer. — Le timbre de caoutchouc est dans toutes les mains, on se sert pour imprimer sur le papier d'une encre ainsi composée :

> aniline (noire, bleue, violette, etc.)..... 5 grammes
>
> dissoute dans alcool ordinaire 90°...... 20 —
>
> glycérine du commerce................. 40 —

agiter au moment de l'emploi et verser sur un tampon de drap.

Encre d'or. — Pour estampes, filets, enluminures, etc., on se sert d'une encre d'or que l'on obtient en broyant de l'or fin en poudre ou en feuille avec un peu de miel, puis l'on délaye avec eau gommée — cette encre est employée à la plume ou au pinceau.

59. **Éponges.** — Un moyen facile de les blanchir sans les brûler est de les tremper dans une solution de 4 parties de permanganate de potasse et 100 parties d'eau, puis ensuite dans une solution d'acide sulfureux (au quart); on lave à grande eau et faire sécher.

60. **Fard.** — On appelle *fard* une composition destinée à embellir le teint — le *blanc* est fait avec sous-nitrate de bismuth et craie de Briançon ou talc de Venise ; le *rouge* s'obtient avec vermillon mêlé avec talc : ce dernier est le plus dangereux car il a pour base un sulfure de mercure. — La poudre de riz et le rouge de carthame ou le carmin, sont de tous les fards les plus inoffensifs.

61. **Glycérine.** — Provient du dédoublement des corps gras neutres, c'est le principe doux des huiles, on le recueille aussi comme résidu dans les savonneries. — La glycérine est un liquide sirupeux, incolore, inodore, d'une saveur douce sans arrière goût, on s'en sert dans l'industrie et dans la médecine — on l'emploie pour donner du moëlleux aux colles solubles et aux peintures à la détrempe ; elle est employée dans l'usage domestique pour éviter les gerçures des mains et adoucir la peau.

62. **Glu.** — On l'extrait ordinairement de l'écorce du houx et du gui, on triture cette écorce dans un mortier et on l'expose pendant 15 jours dans un lieu un peu chaud pour activer la fermentation ; elle est bonne lorsqu'elle s'attache aux doigts ; elle est ensuite lavée pour la séparer des parties ligneuses. — Dans le commerce la glu est souvent impure et falsifiée, il faut avant de s'en servir

bien la nettoyer en la pétrissant dans de l'eau froide, on peut aussi la rendre plus liquide en ajoutant un peu d'huile de lin. On prépare aussi soi-même une sorte de glu en mettant dans un vase sur un feu doux :

colophane............ 2 kilos
huile d'arachide...... 1 —
glu bien pure........ 3 —

triturer et l'employer comme la glu ordinaire dont l'usage est du reste très restreint.

63. Gravures reproduites sur bois, métaux, etc. — La transposition de gravures sur le bois est une récréation pour les soirées d'hiver, elle est connue de beaucoup de nos lecteurs, aussi nous ne donnons la méthode que pour ceux qui nous l'ont réclamée.

Le bois doit avoir une surface bien lisse, un encollage est nécessaire pour en reboucher les pores et préparer l'exécution du travail à reproduire.

La gravure est coupée sur les bords et on la dispose de telle façon qu'elle s'appliquera exactement sur la planche préparée. Une couche de vernis *blanc* A (à l'alcool) est appliquée sur la planche, puis la gravure est renversée, la partie imprimée en dessous. On mouille entièrement le papier avec une éponge.

La gravure étant bien humectée, on la place entre deux feuilles de papier non collé (papier buvard), pour enlever l'excès d'eau.

On donne ensuite une seconde couche de vernis à la planche et la gravure est aussitôt appliquée sur le vernis, on pose par-dessus une feuille de papier et on lisse avec l'ongle ou un linge pour fixer l'impression au vernis.

Quand, après avoir laissé sécher, on veut détacher la gravure, il suffit d'humecter à nouveau et d'enlever uniformément en déroulant. Si l'opération a réussi, la gravure est empreinte à l'envers sur la planche, qui peut être vernie pour la conserver.

64. Gutta percha. — Substance analogue au caoutchouc qui provient du suc laiteux de différents arbres de la famille des saponacées, elle est souple par un froid de 10°, elle se lamine et s'étire à 60° et facile à pétrir à 100°, vulcanisée par le soufre elle devient dure comme du bois et inaltérable. — Elle est soluble dans le sulfure de carbone, et forme la base de la glu-marine et de certains enduits ou peintures hydrofuges.

65. **Humidité.** — Parmi les moyens de reconnaître si un local est salubre, voici celui que nous croyons le plus pratique :

Lorsqu'une habitation est abandonnée pendant l'hiver, l'humidité ne tarde pas à l'envahir et à faire ses ravages habituels. Il est un moyen peu coûteux d'éviter ces inconvénients, c'est de placer en différents endroits de l'appartement un vase contenant de la chaux vive, laquelle en se délitant absorbera l'humidité de l'air et préservera les murs d'une saturation fatale. Cette expérience est à recommencer souvent, car la chaux hydratée n'aurait plus d'action attractive suffisante. De même, si la chaux vive n'accuse pas plus de 1 o/o d'augmentation de son poids, en vingt-quatre heures, la pièce est considérée comme saine et peut être habitée sans crainte par le locataire.

66. **Hydrofuges.** — On désigne ainsi les compositions (enduits, peintures ou papiers) destinées à garantir de l'humidité le plâtre, la pierre, le bois, la toile, le cuir, le papier, les cordages, etc. Nous avons expliqué longuement (chapitre IV) les matières employées à cet usage, nous conseillons à nos lecteurs de lire la brochure de M. Caron et de faire emploi de ses enduits hydrofuges, dont l'usage se répand chaque jour davantage, dans l'intérêt de l'hygiène de l'habitation.

67. **Imitation de l'écaille.** — Il y a deux sortes d'écailles : l'écaille *jaune* et l'écaille *rouge*. Bien que ce genre de décoration soit peu employé, nous donnons un aperçu de son imitation en peinture. Pour faire l'écaille *jaune*, on prépare son fond en jaune de chrôme, en ayant soin de tenir la teinte plutôt maigre et de bien poncer pour que le sujet soit uni. On se sert ensuite de terre de Cassel à l'eau et de terre de Sienne brûlée à l'eau, sous forme de glacis, en faisant des oppositions tantôt avec l'une, tantôt avec l'autre couleur. Avec une éponge humide, qu'on lavera souvent,

on tapote sur le glacis de façon à enlever proprement une partie du glacis ; avant de laisser sécher avec une petite brosse imprégnée de terre de Cassel, on fait des mouches plus accentuées et l'on adoucit le tout avec le blaireau dans le sens du travail sans trop l'étendre cependant pour lui garder son velouté.

Cette ébauche étant sèche, on reglace légèrement avec laque double et Sienne calcinée et l'on vernit.

L'*écaille rouge* s'imite de la même façon sur un fond maigre composé avec mine orange et un peu de laque fine à l'huile.

68. Imitation du rotin pour meubles de jardin. —

Après nettoyage préalable des chaises, bancs de jardins, s'ils sont en fer les passer au minium, on couche en teinte jonc avec céruse, ocre jaune et une pointe de jaune de chrôme ; le fond étant sec, on fait les nœuds en se servant de terres Sienne calcinée et ombre brûlée en partie égales avec un peu de siccatif.

De distance en distance, on fait avec ce mélange un filet formant bague autour des bâtons et avec une brosse bien propre, on fond cette teinte d'une façon nette ; au-dessous du nœud, en sens inverse, on opère par un filet blanc en glacis que l'on fond pareillement. — Ensuite lorsque le tout est bien sec, on vernit avec vernis flatting ou vernis extérieur.

69. Incombustibilité. —

C'est une des plus intéressantes questions de notre époque, surtout depuis le récent incendie de l'Opéra-Comique où tant de victimes sont à déplorer. — On rend les bois incombustibles, en les imprégnant de la solution suivante :

Eau de rivière	1 kilo
Sulfate d'ammoniaque	80 gram.
Carbonate —	20 —
Borax (borate de soude)	20 .
Colle de Flandre	20 —

Pour les tissus on remplace la colle par de l'amidon (empois) ; on les trempe à chaud et lorsqu'ils sont secs, on repasse comme s'il s'agissait d'un empesage ordinaire — les décors de théâtre peuvent être traités de cette manière. Cette préparation arrête la flamme et retarde la combustion des objets qui en sont recouverts ; on peut également faire usage des *enduits Ignifuges-Martin*, mais en cas d'incendie, nous recommandons les extincteurs système Dyck ou bien les *grenades Harden* qui ne sont ni explosibles ni corrosifs, le verre qui contient le liquide est mince, facile à casser en le projetant dans le foyer même de l'incendie ; les gaz qui se dégagent alors éteignent le feu instantanément sans danger pour les personnes. — Nous avons assisté aux expériences de cette grenade et sommes persuadés qu'elle rendra d'éminents services. — Il y a donc intérêt à avoir sous la main, au moins deux grenades par mesure de prévoyance et de sûreté (la grenade vaut 5 francs pièce et 28 francs les 6).

70. Ivoire jauni. — L'ivoire exposé à l'air finit par jaunir ; pour lui rendre sa blancheur primitive, on le frotte avec de la ponce lavée humectée d'eau et on l'expose au soleil ; on fait usage également d'eau oxygénée pour obtenir son blanchiment.

71. Lettres dorées (précautions à prendre). — Lorsque les lettres devront être dorées, on aura toujours soin, au préalable, de passer sur les fonds, soit de la terre glaise, soit du blanc d'œuf ou du talc, ou même un peu de colle de pâte délayée dans une bouteille d'eau, en ayant soin d'agiter fortement le liquide. Sans cette précaution, on s'exposerait à voir l'or prendre sur les fonds, tant secs qu'ils puissent paraître.

La terre glaise, le blanc d'œuf, le talc ou la colle de pâte doivent être mis en très petite quantité dans l'eau, l'excès contraire exposerait à faire gercer ou à salir les fonds. On passe cette dissolution en plein sur les fonds au moyen d'une brosse douce ; on laisse parfaitement sécher, puis on couche, avec la mixtion les lettres qui doivent être dorées. Quand cette mixtion est suffisamment dure ou sèche, on applique l'or, au livret généralement, et on époussette ensuite soit avec un putois, soit avec un tampon de ouate.

72. Limes. — Pour aviver les limes, quand elles sont usées, on les nettoie au moyen d'une brosse rude imbibée d'eau de potasse, on les plonge ensuite dans de l'eau forte (acide nitrique) et on les essuie avec un chiffon bien tendu qui ne dessèche que l'extrémité des dents ; l'acide reste dans les raies, creuse l'acier et au bout de quelques heures on brosse les limes dans l'eau, puis on essuie pour sécher.

73. Marbre. — C'est une variété de carbonate de chaux, aussi rien n'est plus varié que les marbres dans leur aspect, leur texture et leur couleur : ils sont tantôt *rouges* comme la griotte, tantôt *jaunes* comme le jaune de Sienne, *veinés* comme le *Saint-Anne* (fond gris à veines blanches), comme le *grand antique* (fond noir à veines blanches), comme le *portor* (fond noir à veines jaunes), la *grande brèche*, la brèche d'Aix (éclats blancs sur fond noir), etc.

Pour *nettoyer* le marbre, on emploie la soude caustique (potassium) pure ou avec eau, de façon à mouiller toutes les parties, puis, laver à l'eau et laisser sécher. — Si la tache persiste recommencer l'opération en se servant d'une brosse rude. — On donne du brillant en passant un chiffon imbibé de cire à l'essence (cire vierge), et l'on frotte ensuite vigoureusement avec une brosse ou une laine. — On raccommode le marbre, avec la gomme laque en bâtons que l'on fait fondre à la bougie, après avoir légèrement chauffé les parties à réparer — la colle céramique de Bergez ou autre, convient à cet usage ; on peut employer avec succès le ciment lithochrôme avec similipierre ou oxyde de zinc que l'on teinte dans le ton du marbre.

74. Marqueterie (imitation). — Des ornements en imitation d'incrustation, de marquetrie, peuvent s'obtenir en procédant ainsi. On vernit, par exemple, un panneau de bois de rose, de marronnier ou de tout autre bois clair ; quand ce vernis est bien sec, on reglace entièrement ce panneau avec un glacis à l'eau, ton du palissandre, de l'acajou, ou de tout autre ton de fantaisie, vert, violet, etc., que l'on veine dans le sens qui convient. On laisse sécher ; on applique le poncif du dessin que l'on veut obtenir ; on couche ces ornements avec du vernis, et même les filets qu'on désire ; on laisse bien durcir le vernis, puis on lave à l'eau tout le panneau : seules les parties vernies restent et l'on obtient ainsi des ornements et même des filets, qui ont tout l'aspect de bois incrustés et qui peuvent être très variés de couleurs. On peut sertir ces ornements et filets d'un fil d'or, de noir ou de tout autre ton, et l'on aura de très riches effets. Nous ne saurions insister assez sur le conseil que nous donnons toujours, de faire autant que possible, sur les bois, des filages et des ornements variés de tons, même en or ; cela en augmentera toujours l'agréable effet. — (N. Glaise).

75. Mercure. — Le mercure est un métal d'un blanc d'argent, il est liquide à la température ordinaire, d'où son nom de *vif-argent;* il est quatorze fois plus lourd que l'eau, s'oxyde facilement et émet des vapeurs à une température élevée, il est très vénéneux et son emploi dans l'industrie des glaces et des peaux est la cause de tremblements observés chez les ouvriers. En peinture, le *vermillon* est seulement employé comme dérivé du mercure.

76. Meubles cirés tachés d'encre. — Il est d'usage de nettoyer les meubles de magasin tout pleins d'encre ou de maculatures diverses en faisant usage d'acides muriatique ou oxalique, de sel d'oseille, du papier de verre et de la cire. On se dispense de ce long travail, en faisant emploi de *l'eau chimique* (le fl. 060, le litre 2 francs). Avec une éponge imbibée de cette eau, passer sur le meuble à nettoyer, essuyer à sec et quelques instants après frotter avec un chiffon de laine, on obtiendra non seulement la disparition des taches, mais aussi un brillant qui n'a d'égal que celui de l'encaustique.

77. Meubles de laque. — Pour imiter la laque sur des meubles anciens à réparer, il suffit, après les avoir bien lessivés avec le *mordant rouge-peinture*, grattés à vif et surtout bien lavés, de les peindre avec vernis copal surfin et blanc de zinc broyé à l'huile. On emploie préférablement notre *vernis industriel* tout préparé. Cette peinture est teintée avec laque rose, vermillon, bleu outremer ou vert de zinc, pour obtenir des teintes variées : rose, chair, bleu céleste ou vert d'eau. Elle s'applique à 2 ou 3 couches légères pour ne pas trop empâter les moulures, ni former des coulures sur l'objet ; la couche suivante s'applique lorsque la précédente est bien sèche et l'on peut ensuite faire sur la dernière couche, des filets au pinceau qui harmonisent de ton avec la couche finale.

78. **Mica.** — On donne ce nom à un minéral qui entre dans la composition de la plupart des roches ignées et formé de silice et d'alumine. On le rencontre blanc, jaune ou gris avec éclat métallique et se divise facilement en lamelles minces ou en paillettes miroitantes. On s'en servait autrefois, avant l'usage des carreaux de vitre, pour orner nos fenêtres, à cause de sa transparence. Celui en paillettes fines peut être utilisé en place de bronze sur de la peinture en train de sécher et l'effet en est assez décoratif.

79. **Nettoyage.** — On nettoie les *pierres, façades,* etc., au moyen de l'acide chlorhydrique étendu d'eau, on facilite avec la brosse de chiendent, et on lave ensuite à l'eau. On fait aussi usage de l'eau de Javel (chlorure de manganèse) ou de la soude caustique ; — le *mordant rouge-peinture* met la pierre à nu ; on peut employer la pierre ponce en brique et à plat en mouillant souvent ; la vapeur d'eau convient pour le nettoyage de monuments et façades de maisons.

On nettoie et on blanchit les *marches* et *dalles en pierre,* au moyen d'une détrempe faite de terre de pipe, blanc de Meudon et eau, en y ajoutant un peu de colle pour fixer.

On nettoie les *meubles,* au moyen de la popote de l'ébéniste (mélange d'huile de lin, alcool, vernis gomme laque et cire), se servir d'un tampon de laine et frotter vivement pour aviver le brillant. — On peut la remplacer par notre composition la *ménagère* (jaune ou rouge, le flacon 0.60).

On nettoie les *vieilles gravures* par une solution de permanganate de potasse et ensuite l'acide sulfureux liquide ; on lave à l'eau et l'on fait sécher. — On peut faire usage de l'eau de Javel.

On nettoie les cuivres avec l'eau de cuivre, dissolution de sel de sucre (acide oxalique), les pâtes poli-cuivre ou brillant rose ; la poudre lustrine et celle dite métallique.

On nettoie les plaques de cheminées, poêles roulants, fourneaux et tôleries avec de la mine de plomb, après avoir enlevé la rouille, avec du papier de verre. Nous conseillons de faire usage de préférence des pâtes préparées, notamment celle connue sous le nom de *pâte poli-fourneaux* qui a l'avantage de noircir la tôle, de conserver un beau brillant et d'empêcher l'oxydation du métal.

On nettoie les parquets en faisant usage de la paille de fer ; les taches d'huile ou de graisse sont enlevées au moyen de la terre de Sommières ou de Salinelle qui sont des poudres calcaires, ou bien encore la poudre *nettoyeuse à sec*, qu'on laisse sur la tache pendant une demi-heure et qu'on enlève ensuite avec la brosse dure ; la tache disparait de suite, surtout quand elle est fraîche.

80. **Nœuds de sapin.** — Le bois de sapin, même quand il est bien sec, laisse suinter des larmes résineuses qui altèrent la peinture ;

on y obvie au moyen du vernis gomme laque dit aussi vernis à nœuds, du silicate de potasse, ou d'une couche de minium.

81. **Peinture** (Clochage de la). — La grande difficulté dans les travaux de devanture, c'est le clochage qui apparaît après le vernissage, enlevant la peinture et laissant le bois à nu. Que de procédés n'a-t-on pas essayés pour obvier à ce désagrément? Nous croyons même nous rappeler qu'un fabricant a vendu un produit sous le nom de *paracloque*, qui avait la propriété de parer à cette mésaventure fort désagréable pour le peintre.

Nous donnons un procédé que vous pouvez essayer à la première occasion ; il consiste, les bois étant mis à nu, après brûlage ou lessivage, à passer ensuite une couche d'eau de chaux saturée d'un peu d'acide sulfurique et d'épousseter l'excès de chaux avant que de donner la couche de fond.

On peut encore se servir du *liquide Caron* (gluco-métallique), qui réussit également à éviter la cloche sur les vieux bois.

82. **Peintures granitées.** — Les stylobates au-dessus de la plinthe sont ordinairement d'une teinte plus foncée que le mur qu'ils supportent. Dans beaucoup de cas, il est employé dans cette partie une peinture granitée que l'on obtient ainsi :

Le fond étant préparé gris foncé, noir ou brun, avoir sous la main 2 ou 3 autres teintes plus claires : blanche, jaune ou verte, prendre de la main gauche un marteau ou un corps dur quelconque et de la droite un pinceau de pouce légèrement trempé dans l'une de ces trois teintes que l'on peut changer selon le goût, et, s'éloignant du mur d'environ 50 centimètres, frapper en marchant, le pinceau sur le marteau. — Autant que possible, le granité doit se faire également et, lorsque le travail est terminé avec la première teinte, reprendre la seconde et ensuite la troisième. L'effet décoratif est excellent.

83. **Peinture à la bière.** — Cette peinture est employée en Belgique pour boiseries, on imite de la sorte le chêne, l'acajou, etc. Voici comment on procède : On commence par étendre sur le bois deux couches de peinture à l'huile de la nuance voulue ; lorsque

la dernière couche est bien sèche, on repeint par dessus avec couleur à l'eau que l'on détrempe avec de la bière. Lorsque ce glacis est sec, on vernit avec du vernis à l'alcool (vernis à bois). — La couche de fond, pour le chène, est préparée avec blanc et jaune, pour l'acajou avec blanc et ocre rouge. On imite le bois avec Sienne naturelle et Cassel ou Sienne calcinée, la bière sert de mordant.

84. Peinture diaphanite (à reflets métalliques). — Le fond doit être argenté (argent faux appliqué sur mixtion teintée avec blanc) ; lorsque cette argenture est sèche, se servir de vernis à l'alcool (chromodiaphane) colorés : Or, maïs, rouge, vert, bleu lumière, violet, solférino employés en place de peinture ; on éclaircit les tons en y ajoutant du vernis blanc A et il convient d'opérer rapidement par petites surfaces en évitant les coups de pinceaux. On obtient de la sorte une peinture artistique dont les effets sont agréables à la vue, le métal servant de repoussoir donne à la peinture un éclat métallique transparent de toute beauté.

85. Peinture sur zinc. — Avez-vous à peindre sur du zinc ou tout autre métal sur lesquels la peinture à l'huile tient difficilement ?

Commencez par passer une couche légère d'acide hydrochlorique (esprit de sel) sur le métal dont le brillant se ternit de suite, pour permettre l'adhérence de la peinture ou du vernis.

Les seaux hygiéniques en zinc verni sont peints de cette manière et le vernis passé au four ou à l'étuve tient merveilleusement.

Le décapage doit se faire prudemment.

Sur le zinc, l'acide en contact trop longtemps avec le métal pourrait le dissoudre par place ; l'opération faite, l'essuyer avec un chiffon et après la dessiccation par l'air, la peinture peut être employée.

86. Peinture lumineuse. — Avec du vernis blanc copal broyez du sulfure de calcium — employez au pinceau cette mixture sur des verres, papiers ou boiseries, que vous exposerez au soleil, la lumière ainsi emmagasinée rendra la plaque, ainsi peinte, beaucoup plus lumineuse et vous permettra de distinguer pendant la nuit les objets placés aux alentours.

87. Peinture sur fer. — En outre de la couche de minium qui a pour objet d'empêcher la rouille sur le métal, on peint le fer en noir avec huile cuite et noir léger, ou bien avec *vernis noir japonais*, à base de bitume, séchant vivement et d'un beau brillant.

— Les charpentes en fer, combles, chassis, etc., peuvent être peints avec peinture minérale noire, grise ou marron, préparée avec huile lourde et essence légère de houille, résine et couleurs (sauf celles à base de plomb) ; cette peinture ne peut par la suite sup porter aucune autre peinture préparée avec de la térébenthine.

88. Peinture poisseuse. — Il arrive quelquefois qu'une teinte cependant siccative, reste poisseuse après son application ; sans en rechercher la cause, nous indiquerons le moyen de remédier à cet inconvénient par un *arrêtage* instantané. Il suffit de préparer une dissolution faite de 60 grammes de gomme laque blonde dans un litre d'alcool 90° et l'appliquer à la queue de morue sur les peintures ou vernis longs à la sèche.

Le pinceau ne doit effleurer que l'épiderme de la peinture ou du vernis ; lorsque ces derniers sont en blanc ou tons clairs, employer dans la dissolution de la gomme laque blanche.

— Ce procédé est, en outre, un excellent *fixatif* pour dessins, estampes, pastels, etc.

89. Phénol. — C'est un excellent anti-putride et désinfectant, on l'emploie plus ou moins étendu d'eau suivant le besoin. C'est *M. Bobœuf* qui a découvert l'emploi des produits de la distillation de la houille et qui a constaté l'efficacité du phénol, auquel il a donné son nom ; il est obtenu de l'acide phénique que l'on traite par une solution concentrée de soude caustique et forme alors un *phénate de soude* soluble. L'emploi du phénol est très répandu surtout pendant les épidémies.

90. Pierre imitée. — La pierre imitée a aussi sa place très importante dans la décoration du bâtiment. On la fait, soit à simples joints d'appareils indiqués en mortier blanc, rose ou gris, soit à joints mélangés, soit encore à joints gravés ou en bossages, avec ou sans frottis, sur fonds lisses ou pochés, etc. Ce travail doit toujours être parfaitement mat. Un grand escalier tout en pierre imitée, un beau vestibule, donnent souvent un effet très monumental et très vrai, que l'on n'obtient pas toujours avec les marbres seuls.

L'assemblage de la pierre comme champs, corniches, etc., avec des panneaux, soit en marbre blanc, soit en marbres de couleur, produit de très beaux effets décoratifs, mais dans ce cas, comme toujours, il faut qu'il y ait des moulures naturelles ou filées.

Les peintres fileurs obtiendront sur les fonds de pierre pochée de très beaux effets, comme modelage de moulures. Il est vrai que ces dessous rendent le travail plus long et plus difficultueux que ceux exécutés sur fonds lisses ; aussi ces travaux sont-ils toujours l'objet d'une plus-value (N. Glaise).

91. **Plâtre** appelé aussi *Gypse*, est un sel de chaux qui renferme 20 % d'eau de combinaison ; soumis à une chaleur modérée il perd son eau, devient friable et constitue le *plâtre* employé dans la construction. — La calcination s'opère dans des fours spéciaux dont la température égale au moins 300 degrés.

Le peintre s'en sert quelquefois pour reboucher les grosses fentes en place de mastic à vitrier.

Nous donnons une recette pour obtenir un excellent *plâtre à mouler*, pour statuettes, qui devient dur et imperméable.

On mélange ensemble six parties de plâtre avec une partie de chaux grasse récemment éteinte et tamisée, on se sert de ce mélange au lieu de plâtre ordinaire pour confectionner un objet quelconque et une fois sec, on imbibe cet objet avec une solution d'un sulfate métallique (sulfate de fer, ou sulfate de zinc), il se forme alors un sulfate de chaux et un oxyde tous deux insolubles qui remplissent les pores et rendent l'objet non seulement dur, mais encore très tenace. — Le sulfate de zinc laisse le plâtre blanc, — le sulfate de fer donne une teinte ocreuse, et si l'on vernit par dessus on obtient une couleur acajou très agréable.

92. **Porcelaine.** — Pour raccommoder la porcelaine on emploie les *colles céramique* et *siamoise*, ou encore la formule suivante :

500 gr. lait caillé écrémé, qu'on lave sur un tamis jusqu'à ce que l'eau soit bien claire — après avoir égouté on mélange ce caillé avec

6 blancs d'œufs, puis on presse, et l'on extrait le jus de

4 gousses d'ail qu'on ajoute aux deux autres substances.

On pétrit le tout dans un mortier en ajoutant 50 grammes de chaux vive pulvérisée fine ; on obtient alors un mastic bien lié et lorsque l'on veut s'en servir, on délaye avec un peu d'eau, la quantité suffisante que l'on étend sur chaque partie de l'objet cassé; on réunit les morceaux et on laisse sécher. — Ce mastic résiste au feu et à l'eau bouillante, il s'emploie également sur verre, faïence et cristal.

93. **Potasse.** — On appelle ainsi, un extrait des cendres de végétaux, qui se retire par lessivation. Ce sont les jeunes pousses, les herbes ligneuses, tels que les fougères, les bruyères et les chardons qui en fournissent le plus.

Pour fabriquer de la potasse, on rassemble une grande quantité de plantes dans une aire bien battue; on les brûle et on ramasse les cendres qui sont portées dans des fûts préparés ; on jette sur ces cendres de l'eau que l'on passe et repasse jusqu'à ce qu'elle marque 10°. Cette lessive est ensuite conduite dans une chaudière en fer où on l'expose jusqu'à siccité; lorsque le dépôt devient mobile sous l'instrument qui la remue on la met en barils. — Elle prend alors le nom de *salin* et pour la convertir en potasse on l'expose à la chaleur d'un four à réverbère. Quand il est tout-à-fait blanc, on retire et on coule la potasse dans des fûts bien clos où elle se cristallise. On distingue la potasse par le lieu de provenance: Potasse d'Amérique, potasse de Dieuze, potasse de Russie, potasse française, etc., ce sont celles qui sont employées dans la peinture et qui forment la base de l'eau seconde.

94. **Presle** ou Prêle est une sorte de fougère qui croît sur le bord des rivières et dans les marais, ses pousses vertes et rugueuses

sont utilisées pour polir et user l'apprêt de la dorure ; on dit *prêler* lorsqu'on se sert de la prêle.

95. Procédés pour enlever toutes taches : 1" *Acides minéraux* avec alcali étendu d'eau ou exposition aux vapeurs de cet alcali. 2° *Vin.* — Crème de tartre humectée ou vapeurs sulfureuses et laver avec eau de savon. 3° *Encre.* — Sel d'oseille ou acide oxalique additionné de sel d'étain en dissolution — ou encore la tache recouverte de permanganate de potasse en dissolution et ensuite d'acide sulfureux, après on lave à l'eau. 4" *Graisse.* — Alcali, benzine, essence parisienne. 5° *Peinture à l'huile.* — Essence térébenthine. 6" *Rouille.* — Acide sulfurique étendu de cyanure jaune, la tache devient bleue, puis on opère par lavage. — Ou crème de tartre et lavage — ou bien sulfhydrate de soude ou de potasse puis acide muriatique étendu d'égale partie d'eau, laver à l'eau puis à l'eau de savon faible. 7° *Résine, poix.* — Avec alcool ou eau de Cologne. 8° *Huile sur parquets.* — Avec poudres nettoyeuse à sec ou Salinelle. 9° *Bougie.* — Passer un fer chaud sur la tache recouverte d'un papier sans colle. 10" *Goudron, vernis.* — Avec essence de térébenthine.

96. Punaises. — Tout le monde connait cet insecte, avide de sang, qui exhale une odeur nauséabonde quand on l'écrase ; il se multiplie avec rapidité dans les endroits malpropres ; il se loge dans les fentes ou fissures des murailles, dans les sommiers, dans les matelas ; on dit qu'il peut vivre une année sans prendre de nourriture. — Pour détruire ce parasite de l'homme, il existe plusieurs procédés :

1° Dissolution bouillante de savon employée en lavage sur les parties infestées.

2° Fumigation au soufre, sur des charbons ardents.

Il convient, pour cette opération, de retirer les objets garnis de fer ou de cuivre, qui seraient altérés par la vapeur sulfureuse ; avoir soin de bien boucher les issues et après 24 heures donner de l'air à l'appartement.

3° Décoction de tabac ou de coloquinte.

4° Dissolutions mercurielles (notamment celle connue sous le nom de *Insectifuge liquide*).

5° Les *insecticides* provenant des pétales de la Pyrèthre du Caucase, et dont la poudre est insufflée dans les interstices où logent les punaises.

97. **Pyrèthre.** — C'est une plante qui a beaucoup de ressemblance avec la chrysanthème et la camomille, elle est originaire de Perse et on la cultive dans nos jardins comme plante d'agrément. Réduite en poudre, la fleur devient un insecticide excellent contre la punaise. Malheureusement le prix de cette poudre est assez élevé, pour que la fraude en soit rendue facile par d'autres substances telles que le *sumac, l'iris de Florence*, etc. L'acheteur doit exiger la *fleur de Pyrèthre* s'il ne veut point avoir une poudre inerte et sans aucun effet.

98. **Rats.** — On détruit ce destructeur par excellence, par des boulettes de viande hachée mélée d'arsenic, ou ce qui vaut mieux de noix vomique (strychnine), par des racines de renoncules fraîches pilées et mélées à de la graisse, par des boulettes de verre pilé, de ciguë en poudre, en ajoutant un peu de lait pour en former une pâte. On emploie la *pâte phosphorée* et les *grains raticides*, dont ils sont friands. Il faut éviter de faire usage de ces poisons lorsqu'il y a des animaux domestiques, ou du moins il convient de les éloigner.

99. **Rouille.** — Les étoffes sont susceptibles de prendre des taches de rouille. On enlève sur étoffes blanches en frottant avec acide oxalique après les avoir mouillées. On se sert de l'acide chlorhydrique (esprit de sel) pour les étoffes de couleur. Mais les acides, si l'on en fait un abus, attaquent plus ou moins les couleurs et l'étoffe même, il est préférable d'employer, la crème de tartre qui agit avec autant d'efficacité et sans aucun danger. Il faut laisser pendant 8 à 10 minutes le sel en contact avec la tache et ensuite frotter avec la main et laver pour faire disparaître le sel. — On peut employer ce procédé pour les taches de rouille sur le papier.

100. **Sang de dragon.** — C'est une substance résineuse qui exsude

naturellement ou par incision du dragonnier commun, et du Rotang; cette résine est mêlée de tannin, elle est opaque inodore, à cassure lisse et d'un rouge—vermillon quand elle est réduite en poudre, on l'utilise dans certains vernis à l'alcool et dans la fabrication des dentrifices. La peinture l'a tout à fait abandonné.

101. **Sèche.** — On donne ce nom à un poisson de mer appelée vulgairement *araignée* de mer. La peau présente des aréoles contenant un liquide noirâtre; la sèche s'en sert pour troubler l'eau et échapper ainsi à ses ennemis : dans le *dessin* on se sert de ce liquide noir sous le nom de *sépia*.

Le corps de la sèche est garni d'une écaille ou os assez solide, grand comme la main, plus épais dans le milieu que sur les côtés et connu sous le nom *d'os de sèche*. On en trouve des quantités sur les plages de l'océan et de la Méditerranée ; il remplace la ponce pour certains travaux, il sert à polir les métaux, et à composer des poudres denrifrices ; on en suspend dans les cages d'oiseaux pour aiguiser leur bec ; on s'en servait autrefois dans la fabrication des vernis à l'alcool.

102. **Stores.** — On appelle ainsi des toiles peintes qu'on place dans l'intérieur des appartements, devant une croisée ou devant une glace sans tain. Les stores se font en calicot fin. — Après avoir mouillé l'étoffe on la tend sur un châssis de bois ; on passe sur l'étoffe deux couches bien chaudes de colle de Flandre. Quand l'encollage est suffisamment sec, on s'occupe de la peinture pour laquelle il faut prendre des couleurs transparentes, comme les laques, les terres, le vert de gris, le bleu de Berlin, le brun Victoria, etc. ; ces couleurs sont broyées à l'essence et détrempées au vernis gras intérieur. Les sujets qui peuvent être peints sont très variés, mais ceux qui conviennent le mieux sont : les paysages, les fleurs et les oiseaux.

103. **Stuc.** — C'est ainsi qu'on nomme un enduit composé de chaux et de plâtre durcis, mais on désigne plus souvent sous ce nom le plâtre gâché avec une dissolution de colle-forte, ou calciné avec de l'alun. On imite le marbre par l'addition de couleurs miné-

rales, les veines sont obtenues par des couleurs délayées dans la colle chaude et mélangées au plâtre; on forme des galettes que l'on découpe pour être ensuite étendues sur le noyau de l'ouvrage, on aplanit avec la truelle. — Le polissage s'effectue au moyen d'une molette en pierre et du grès pilé, de la pierre ponce; le brillant est donné par un chiffon enduit de cire.

104. **Soufre**. — Le soufre est un minéral de couleur jaune-citron, insoluble dans l'eau, mais soluble dans les huiles grasses et volatiles, le sulfure de carbone et la chlorure de soufre. — En le frottant, il répand une odeur d'ail et développe de l'électricité négative; il est mauvais conducteur du calorique et la chaleur de la main suffit pour briser bruyamment un bâton de soufre. On le rencontre dans la nature, mais on le trouve abondant dans le voisinage des volcans notamment en Sicile, dans les îles de Lipari, en Islande, etc.

Il est vendu commercialement après avoir été raffiné en bâtons, (soufre en canons) ou sublimé (fleur de soufre). — Le soufre forme la base des acides sulfurique et sulfureux, du sulfure de carbone et quantités d'autres dérivés.

Le soufre s'emploie comme désinfectant; on en met dans l'eau destinée à la boisson des chiens pour les préserver des maladies de peau. On s'en sert pour sceller les grilles de fer dans la pierre, pour fabriquer les allumettes dites soufrées, pour désinfecter les futailles ayant contenu du vin, on se sert de la poudre, pour combattre les maladies de la vigne, etc.

105. **Suie**. — Nous avons dit précédemment que le bistre n'était pas autre chose que cette variété de noir de fumée, qui se dépose dans les cheminées par la décomposition des combustibles; pour enlever les *taches de suie* sur étoffes, on les imbibe d'abord, d'essence de térébenthine et on frotte légèrement, ensuite on mêle à cette essence du jaune d'œuf, en faisant tiédir ce mélange qu'on applique sur les taches en frottant avec précaution. Sur les étoffes blanches on fait disparaître les traces qui pourraient rester en employant de la crème de tartre et sur les étoffes de couleur de l'acide muriatique étendu d'eau.

106. **Suif.** — Seul ou mélangé avec un peu d'huile 'de colza, le suif est excellent pour graisser et assouplir le cuir, les harnais et les chaussures ; on enlève les *taches de suif* comme pour celles de graisse.

107. **Sumac.** — Nom donné à un arbrisseau de la famille des térébentacées qui comprend plusieurs espèces : le *sumac des corroyeurs*, ou *fustel*, le *sumac copal* qui, par l'incision de ses tiges donne une résine jaune transparente, connue commercialement sous le nom de *copal d'Amérique*, le *sumac vernis* qui laisse couler par des incisions un suc blanc, âcre, de saveur brûlante que l'on noircit et coagule : on emploie dans les arts ce vernis sous le nom de *vernis de la Chine*, ensuite le *sumac vénéneux* qui s'attache aux arbres comme fait le lierre ; son suc répandu sur la main occasionne des ampoules qui se gagnent par le contact. La *noix de Galles* est fournie par un *sumac* (rhus semialata) et très employée pour donner le produit appelé *tannin à l'eau*.

108. **Tableaux.** — Les peintures à l'huile s'altèrent par l'humidité, le soleil ou la fumée, on les remet à neuf par l'emploi de certains procédés : c'est ce que l'on appelle *restaurer*.

Si le tableau a été enfumé, il convient d'abord de le dévernir soit à sec avec de la colophane en poudre ou bien avec de l'alcool ; on procède par petites parties et on lave ensuite avec une éponge mouillée d'eau pure, en ayant soin de ne pas entamer la peinture. On peut aussi faire emploi d'une dissolution légère de sel de tartre ou de borax.

Quant à la potasse et au savon noir qui sont plus actifs, on ne doit en user qu'avec la plus grande réserve, il est préférable de se servir de savon blanc de Marseille, battu dans de l'eau à laquelle on ajoutera un peu de gros sel de cuisine, ce qui produit une mousse propre à nettoyer les peintures les plus enfumées ; lorsque cette écume mise sur diverses parties du tableau est sur le point d'être absorbée, on enlève avec une éponge mouillée. On emploie également une *eau à nettoyer* composée de 2 parties d'alcool et une partie d'essence de térébenthine ou d'aspic.

Pour les *tableaux non vernis*, on les nettoie simplement avec de l'eau de vie ou du vinaigre, ou bien de la farine délayée dans de l'eau de chaux. S'il s'agit de tableaux vernis *au blanc d'œuf* ou *enduits d'un corps gras*, il faut recourir à l'huile de lin. Pour le blanc d'œuf, on frotte la toile avec de l'huile de lin, on la laisse s'imbiber pendant au moins deux heures, puis on enlève l'huile et le blanc d'œuf avec de l'alcool; pour l'enduit gras, on couvre d'huile la toile et à mesure que l'huile s'absorbe, on en met de nouvelle; quinze jours après, on emploie l'alcool qui enlève l'huile et l'ancien enduit.

La toile a quelquefois besoin de réparations, elle se voile, ou offre en certaines parties des bosses creuses, on aplatit en passant à l'envers un fer pas trop chaud, et s'il y a lieu on retouche la partie endommagée; lorsque la toile est trouée ou crevassée, il convient de *rentoiler*, c'est à dire de transporter le tableau sur une toile neuve; c'est un travail délicat qui exige la main exercée du spécialiste.

109. **Tripoli.** — C'est une matière siliceuse réduite en sable fin et mêlée avec de l'argile ferrugineuse. Le tripoli tire son nom de *Tripoli* en Afrique d'où l'on extrayait autrefois cette matière; on donne aujourd'hui au tripoli le nom de la provenance, *tripoli d'Auvergne, tripoli de Venise, tripoli d'Autriche* ou de Bohême, etc. Le tripoli est âpre au toucher, d'un aspect terreux, il est coloré rouge ou jaune par le sesqui-oxyde de fer. Il sert à polir les métaux, notamment le cuivre, le verre, etc. — La *terre pourrie* est une sorte de tripoli, de même que la *tellurine*. On pense avec raison que cette matière doit son origine à des argiles qui ont subi l'action des volcans; elle forme la base des produits à polir désignés: *poudres métalliques* et *pâtes magiques*.

110. **Vernis Martin.** — On désigne ainsi non seulement un vernis spécial, mais encore un mode particulier de peinture qui porte le nom de son inventeur qui vivait au dix-huitième siècle. Les meubles *genre-Martin*, sont encore estimés et la recette du vernis dont en était recouvert la décoration artistique est à peu

près ignorée de nos fabricants. Cependant quelques ébénistes ont essayé de ressusciter ce genre de meubles, et l'engouement l'a mis aujourd'hui de nouveau à la mode.

On procède ainsi : les peintures sont exécutées sur un fond métallisé (bronze or ou brocart qu'on applique sur mixtion) et délayées avec un peu de vernis au copal dur ; lorsque la peinture est bien sèche, on recouvre d'une couche de ce même vernis et on fait sécher dans une pièce chauffée.

111. **Vernis mat.** — Sur une peinture ou décoration quelconques, qu'on ne veut point vernir, ni encaustiquer à la cire vierge, on obtient un demi-brillant, en ajoutant au vernis blanc copal (cristal), un peu de cire blanche dissoute dans de l'essence et on éclaircit au besoin avec essence de térébenthine.

112. **Verre** (moyen de le percer). — Pour percer rapidement le verre ou la glace, un opticien américain recommande la méthode suivante : On prépare une solution saturée de camphre dans de l'essence de térébenthine ; on prend ensuite une vrille en forme de lance ; on la chauffe à blanc et on la plonge dans un bain de mercure, ce qui lui donne une dureté extraordinaire. Aiguisé et trempée dans la solution ci-dessus, la vrille entre dans le verre comme dans du bois. En ayant soin d'humecter constamment avec le liquide le point attaqué, le travail avance rapidement et on n'a que rarement besoin d'aiguiser la vrille.

113. **Vitrage des serres.** — On emploi à cet usage du verre épais, exempt de bulles et de raies, on le divise en petits carreaux qui résistent mieux à la grêle et qui sont moins coûteux à remplacer que les grands. — Ces carreaux doivent être disposés de telle sorte qu'ils se superposent dans une largeur de 5 à 6 centimètres et là, on met du mastic pour empêcher l'introduction entre les lames soit de la poussière qui rend le verre opaque, soit de l'eau dont la congélation pendant l'hiver a pour effet de les briser.

En posant les vitres, il faut éviter avec soin qu'elles ne soient trop étroitement enchâssées dans leurs rainures, pour obvier à l'inconvénient de la casse. — Les tringles des châssis doivent être minces et fortes et leur espacement de 22 à 28 centimètres au plus, le mastic doit être mou et de bonne qualité. — Pour éviter la buée on se sert de tringles spéciales (tringles Collin), et pour arrêter l'ardeur du soleil, on passe sur la vitre une couche de lait de chaux.

114. **Vaseline.** — C'est un produit encore nouveau et cependant bien utilisé dans l'industrie et surtout dans la parfumerie. On obtient par la distillation du pétrole une vaseline naturelle *liquide* ou *solide*, soit incolore, soit blonde ou brune, qui est plus estimée que celle obtenue artificiellement au moyen de la paraffine et de l'huile minérale.

La vaseline est insoluble dans l'eau, mais se dissout dans l'alcool, les essences et corps gras. On l'emploie pour le graissage des métaux et des cuirs et pour la préparation des pommades de toutes sortes ; c'est un produit d'avenir.

115. — **Verres colorés, pour illuminations et vitraux.** Rien n'est plus simple que de colorer le verre en lui conservant la transparence. Au lieu de faire emploi, comme quelques praticiens l'ont recommandé, de peintures siccatives préparées avec laque rose, laque jaune, vert de gris, bleu de Prusse, etc., il suffit de faire usage des vernis à l'alcool dits chromo-diaphanes : jaune d'or ou maïs, vert lumière ou foncé, rouge ou florentin, violet, pensée, etc., pour obtenir des verres colorés transparents d'un très bel effet. (Le verre doit être légèrement chauffé avant l'application à froid et au pinceau, par couches légères et sans repasser deux fois.)

TABLE DES MATIÈRES

Imprimerie-Fabrique de Registres, Gabriel Gerbe. Breveté s. g. d. g. 26, rue Rambuteau, Paris.

FOURNITURES POUR
Couleurs, Vernis, Siccatifs

L. CARO
58, RUE DU CHERCHE-MI[DI]
(Au Guide du Peintre.)

DROGUERIES	DÉTAIL	GROS
Acide nitrique.......kilo.	» 90	—
— muriatique...	» 30	—
— sulfurique...	» 40	cours
— azotique...	3 50	—
— oxalique...	2 40	cours
— tartrique...	2 5	cours
Alcali volatil.......litre.	» 90	—
Alcool dénaturé.......litre.	1 05	—
— 1/2 fin 90°...	2 »	30 »
— fin (goût. méthyl)...	3 75	50 »
Alun en pierre.......kilo.	» 40	—
— en poudre...	» 70	—
Amidon 1re qualité...	» 80	—
Benzine rectifiée.......litre.	2 25	—
Bichromate rouge.......kilo.	1 60	—
Bistre (suie)...	» 60	—
Bose d'encre...	» 30	—
Brou de noir.......litre.	» 40	—
Bicarbonate soude.......kilo.	1 50	15 »
Borate de manganèse...	4 »	—
Bitume de Judée...	2 40	—
Carbonate de soude...	» 30	—
Cirage onctueux...	1 20	—
— à harnais. bout-ville.	1 25	—
Carmin No 40.......kilo.	120 »	140 »
Cire jaune...	4 50	—
— blanche (vierge)...	6 »	60 »
— à modeler...depuis	4 50	—
— à l'essence...	4 »	—
Colle de pâte.......kilo.	80-1 50	-4 50
— sèche...	» 30	-2 50
— forte ordinaire...	» 25	25 »
— médaille...	1 »	200 »
— Givet...	1 20	—
— de nerfs...	1 90	—
— de Flandre...	1 20	—
Caoutchouc dissout...	12 »	—
Ciment métallique...	» 80	60 »
Dextrine (gommeline)...	1 20	—
Emeri poudre...	1 »	—
— en grains...	1 20	—
— en pâte...	» 30	lit. 2 25
Eau seconde.......litre.	» 30	-2 25
Eau chimique.......le flac.	» 60	—
Essence Parisienne...		—

DROGUERIES	DÉTAIL	GROS
Eau de cuivre.......le litre.	» 60	1 fr.
Eau métallurgique bouteille...	» 60 et	—
Essence térébenthine...kilo. rectifiée...	1 » 2 »	—
— du Thym...	14 »	—
— de Lavande...	18 »	—
Encaustique à l'eau.litre.	» 50	40 »
Etoupes de chanvre....kilo.	1 80	—
Extrait de campêche...	1 80	100 »
Gélatine blanche...	3 à 5	—
Filasse longue...	3 »	—
Graisse à voiture...	» 90	—
— imperméable...	3 »	—
Goudron de gaz...	» 25	—
— Norwège...	» 60	—
— à bouteille ordin...	» 40	—
— fine...	» 70	—
Glycérine blanche...	2 50	—
Gomme arabique...	» 60	—
Huile de lin...	» 80	—
— d'œillette...	2 50	—
— cuite siccative...	2 50	—
— à graisser PB...	3 50	—
— à machines PM...	1 90	—
Mastic à vitrier...	» 80	—
— au minium...	» 80	—
— d'hill...	» 80	75 »
— serlut...	» 50	et 1 f.
— à greffer à froid bte.	» 80	—
— à fontaine...	1 »	—
Mine de plomb...	1 »	40 »
Mordant Rouge-Peinture.	1 »	100 »
Ménagère J et R. bouteille.	» 80	lit. 1 350
Oxyde pierreux (silicate)c.	» 80	65 »
Potasse blanche (soude)...	1 »	40 »
— d'Amérique...	1 »	100 »
Poudre insecticide (pyréth.)	12 »	-10 »
Ponce en pierre... 1er choix	1 20	100 »
— 2e choix	» 80	80 »
— poudre soie...	» 80	70 »
— impalp...	» 70	40-60 et 1 20
Pâte poli-cuivre...la boîte.	-40-60	-40 50
— poli-fourneaux...	-40-70	-25 et 1 25
Poudre poli-métal...	2 »	da 3 »
— urgentifique. flacon.	» 30	3 »
Lustrine.......paq.	» 30	-2 25
— nettoyeuse à sec...	» 30	—
— à laver...		—

DROGUERIES	DÉTAIL	GROS
Brillant rose.......flacon.	» 60	dz. 6 »
Désinfectant parisien..paq.	» 60	dz. 6 »
Acide phénique (ordinaire).	1 50	—
Résine blonde.......kilo.	» 40	—
Prussiate jaune...	3 50	—
Poix blanche...	» 80	—
— noire...	» 80	48 »
Savon noir mou...	» 60	80 »
— blanc en brique...	» 60	70 »
— bleu...	» 80	—
Soudure de cuivre...	3 »	—
Soufre en canon...	» 50	—
— en fleur...	» 50	—
Silicate de potasse...	» 70	—
Sel ammoniac gris...	2 »	—
— pulvérisé...	2 »	—
Chlorure de chaux...	» 60	—
— de zinc...	» 90	—
Craie en bâton.......boîte.	1 »	30 »
Sulfate de cuivre...	» 80	—
— de fer...	» 40	—
— de zinc...	» 50	—
Talc de Venise...	4 50	50 »
Tripoli de Venise...	» 50	60 »
— rose...	» 50	—
— jaune...	» 80	—
Terre pourrie pulvérisée...	» 80	—
Grains raticides.......boîte.	» 60	et 1 »
Bronzine Liquide		—
or, argent, vieil-argent, mé-		—
daille, florentin, vert antique.	1 25	1 »
Bronzes en poudre		kilo
Or pâle.......paq.	» 40	—
— riche... No 0	1 50	—
— foncé... No 1	1 25	—
— vert... No 2	1 »	—
Argent... No 4	» 75	—
Cramoisi...		—
Teinture Liquide (à l'eau) Lit. 1 fr.		—
Noire, chêne, vieux chêne, acajou,		—
palissandre, jaune, noyer, etc.		—
Colle Economique L. C.		—
soluble à l'eau froide, remplace la colle de		—
peau avec avantage, pour peinture à la dé-		—
trempe, blanchiment de plafond, théâtre, etc.		—
Les 0/0 kilos 60 fr.		—

COULEURS	DÉTAIL	GROS
Blanc Meudon en pains le c.	» »	9 » »
— la barrique	12 » »	4 50
— pulv.......sac	» »	4 90
du zinc poudre...kilo.	1 » »	1 40
— à l'huile	» »	» »
neige poudre...	1 » »	x 8 »
d'argent...	» »	8 80
Bleu de Prusse pains...	» 60	» 80
— poudre...	» 90	1 50
— charbon ordi...	1 » »	» »
— fin	» 80	2 » »
outremer A	1 »	» 75
— B	2 » »	1 50
— C	» »	2 50
— D	1 » »	» 80
Brun Van-Dyck clair...	» 80	» 75
— foncé...	» »	» 75
— écarl...	» »	1 20
Céruse s/l. poudre...	1 » »	—
— à l'huile...	1 » »	—
chrome fin 3 nces	» 40	—
pur, citron	» 30	—
— bouton d'or	» 25	—
— orange	» 25	—
— souci	» 20	—
Laque rose ordinaire...	» »	—
— fine...	6 »	—
double à l'eau...	1 50	—
jaune en grains...	» 80	—
Litharge pulvérisé...	» 30	—
Mine orange...	» 80	—
Minium de plomb...	» 60	—
— de fer...	1 »	—
Noir velouté extra...	1 »	1 25
— végétal ordinaire...	» 40	» 40
— impalp...	1 20	1 20
Couleur préparée dép...		—
Le Décorative 30 Nuances		—
nouvelle peinture en poudre (Voir		—
Gris-pierre VM.......kilo.	» 15	—
ardoise VM...	» 75	—
Jaune de Naples...	10 »	—

Mise en couleur des carreaux

siccatif brillant sans frottage.

(MARQUE DÉPOSÉE)

	DÉTAIL	GROS
Le Chromo-Ciro L. C.		
rouge, jaune, bois ou chêne.	1 50	1 30
En boîtes 1, 2 k. ou bidons		
de 6, 12 1/2 et au-dessus.	1 50	1 30

Siccatifs pour peinture

	DÉTAIL	GROS
Poudre (l'Énergique (clair)...	50	35
(le Nouveau _ ...	60	45
Liquide { Batalia ......lit.	2 50	» »
{ Oriental (foncé)...	3 »	2 50
(Xéroplano(pâle)..	3 50	3 »
Siccatif chromo transparent		
à l'alcool	2 »	1 75

Enduits hydrofuges de L. Caron
(Série des prix 1887)

	DÉTAIL	GROS
No 1 Préservatif Léo gris.	3 »	2 50
No 2 Émail blanc.	2 50	2 00
No 3 Gris-Léo (poudre).	1 25	1 00
No 4 Liquide Caron.	1 50	1 25
No 5 Préservatou V. C.	3 »	2 50
No 6 Lithochrome V. C.	» 80	
Ciment (simili-pierre).	» 80	
Badigeon (simili-fresque).	» 80	
Voir la Notice, pour emploi des Enduits.		

Vernis industriels siccatifs
peinture-vernis pour bois et fers.

Blanc, gris, bleu, vert clair, le kilo
vert foncé, vert bronze, 2 50 2 25
rouge, brun, jaune, rotin,
noir, etc.

Encaustique Concentré à l'eau

pour faire soi-même son encaustique
pour parquets, teinté jaune ou chêne
en boîtes pour 1, 2, 4, 8 et 15 litres.
Le litre » 50. — Les O/0 litres 40 fr.

VERNIS

Surfin à fin	
No 1 à fleur	
No 2 à fleur	
Spécial à po	
Noir du Jap	
Colle d'or.	
No 3 à carr	
Spécial à te	
Surfin à d	
No 3	
No 3	
Européen (	
Surfin à d	
No 3	
No 3	
Blanc copa	

Vernis supé

par fl

Huile cuit
Vernis So

EMBALLAGES ET EXPÉDITION

Les Ocres sont livrées en fûts de 50, 100 et 200 k. environ (poids plus les O/0 k.). — les terres impalpables, en caisses de 5 et 10 k. sans fûts. — les autres ver français A — caisse de 25 k. ou fûts de 50 et 100 k. — les autres ver fûts — les siccatifs en poudre, en caisses de 25, 50 et 100 par.-de 500 des, en bidons de 5, 10, 25 lit. — de même les vernis gras et autres, facturé 0,25 p. ris par lit. — les vernis à l'alcool sont livrés logemes vernis — sont non livrés nature brut pour net. — Les emballages (bidons en bon état — sont franco à notre domicile. — les paniers et fûts avec

COULEURS

	DÉTAIL	GROS
Noir d'ivoire impalp....kilo.	2 25	
— de fumée..............dop.	1 50	
— léger de Paris.........sac.	2 50	
— d'ivoire (essence).	4 »	
— charbon à l'huile.	1 »	
Ocres fines à l'huile......	» 80	
Ocres jaune ou rouge à maçon	» 25	» 15

Ocres supérieures L.C. — Impalpables.

	DÉTAIL	GROS
— JCLS (claire).......	» 50	» 30
— JFLS (foncée)....	» 50	» 30
— RFLS (rouge)......	» 50	» 30

	DÉTAIL	GROS
Ocre Mexico claire......	» 50	» 30
— foncée............	» 50	» 30
Rouge de France.........	3 50	» 30
— américain.........	4 »	» »
— Andrinople........	5 »	1 25
— turc..............	1 50	1 25
Terre Sienne nat. imp.	1 50	1 25
— calcinée........	1 50	1 25
— ombre nat. —	1 50	1 25
— calc............	1 50	1 25
— Cassel............	2 40	
Terres à l'eau...........	3 20	
— à l'huile.......	4 »	
Vermillon factice........	10 »	
— français.....	9 »	cours
— anglais.........	12 »	
— à rechampir..	» »	
Vert français A ord .3 No	40 »	30 »
— B 1/2 f....	60 »	50 »
— C fin...	80 »	60 »
— D surfin.	» 80	80 »
— anglais à l'huile	0 80	» »
Vert Malakoff.......3 No	1 50	1 25
— métis (arsénical)	6 »	5 55
— milori ou zinc 3 No	3 50	3 75
— Lumière (devanture)	2 50	1 75
— léger (devanture)	6 »	» »
— à la chaux......	15 »	2 »
— à wagon.........	1 50	2 25
— national.........	2 50	2 25
— prussique (bleu).	2 50	2 25
— russe............	2 50	2 25
— olive............	2 50	2 25
— bronze, feuille morte.	2 50	2 25
— de gris (verdor).	4 50	2 25

COULEURS

	DÉTAIL	GROS
Blanc Moudon grains 10/oo....kilo.	0 »	7 50
— la barrique	13 »	» »
— pulv.......sac.	1 50	
— de zinc poudre...kilo.	4 50	
— à l'huile...	» 90	
— neige poudre.......	1 40	
— d'argent.........	» »	
Bleu de Prusse pains...	8 »	» »
— poudre	8 »	48 »
— charron ord.	» 90	80 »
— 1/2 fin......	» 80	70 »
— outremer A.....	» 50	
— B.............	1 50	1 20
— C.............	2 »	1 75
— D.............	3 »	2 50
Brun Van-Dyck clair......	4 »	3 50
— foncé......	1 50	1 50
— écarl......	2 50	1 50
Céruse s/f. poudre....	3 50	3 »
— à l'huile........	» 80	
— No 1...........	» 75	
— No 2...........	» 70	
Couleur préparée dép....	1 20	

La Décorative 30 Nuances (Voir tarif.)
nouvelle peinture en poudre

	DÉTAIL	GROS
Gris-pierre VM......kilo.	65 »	
— ardoise VM.....	75 »	
Jaune de Naples.....	10 »	
— chrome fin 3 no,	2 »	
— pur, citron.....	4 50	
— boutond'or.....	4 50	
— orange........	5 »	
— souci..........	5 »	
Laque rose ordinaire.....	10 »	
— fine............	20 »	
— double à l'eau...	6 »	
— jaune en grains.	15 »	
Litharge pulvérisée......	» 80	
Mine orange.............	1 50	
Minium de plomb........	» 80	60 »
— de fer......	» 80	40 »
Noir velouté extra.....	1 »	80 »
— végétal ordinaire.	» 25	15 »
— à l'huile.......	40 »	30 »
— impalp........	60 »	60 »

VERNIS FRANÇAIS SUPÉRIEURS

Marque au "Drapeau"

SÉRIE N° 1 A CARROSSERIE

	Le litre
Surfin à finir pour caisses.	6 50
N° 1 à finir, caisses et trains.	5 50
N° 2 à finir ou trains 2° qualité.	4 25
Spécial à polir (flatting).	3 50
Noir du Japon N° 1 pour caisses.	4 50
" 2 pour ferrures.	4 25
Colle d'or.	3 25
N° 3 à carrosse.	2 75

SÉRIE N° 2 A BATIMENT

Surfin à devanture ou extérieur.	5 "
N° 1	4 50
N° 2	4 "
N° 3	3 50
Extra dur (mixte int. et ext.)	4 "
Surfin à décoration ou intérieur.	3 50
N° 1	3 "
N° 2	2 50
Blanc copal cristal	4 "
surfin	3 50
N° 1	3 "
N° 2	2 50

SÉRIE N° 3 INDUSTRIE

Vernis siccatif N° 4 à planchers.	2 "
au surcin pour tables.	6 "
peinture de toutes couleurs	2 50
noir japonais siccatif.	1 75
noir à plinthes.	1 75
à tableaux surfin.	6 et 8
anti-oxyde pour fer.	30 à 40
métallique noir.	60 à 80
brun, vert ou gris	5 "
spécial à bronzer.	4 "
mixtion à dorer à l'huile.	2 50
gomme laque à nœud.	2 25
au pinceau blond.	5 "
rouge, noir	6 "
blanc	
de toutes coul.	8 et 10
par flac. de 1/20 et 60 en p. 1/10	1 20
à emballeur (à bois)	1 "
à tables d'harmonie	3 "
Huile cuite pour mouleur.	2 40
Vernis Scéincé et Debrec.	12 "
à tableaux N° 3, le flacon.	0 60

Mise en couleur des carreaux

siccatif brillant sans frottage

(MARQUE DÉPOSÉE)

Le Chromo-Cire L. C.

	DÉTAIL	GROS
rouge, jaune, bleus ou chêne.		
En boîtes 1, 2 k. ou bidons	1 50	1 30
de 6, 12 1/2 et au-dessus.	1 50	1 30

Siccatifs pour peinture

	DÉTAIL	GROS
Poudre { l'Énergique	50	35
le Nouveau	60	45
Liquide { Oriental (foncé)	2 50	2 "
Xéroplaneo (pâle)	3 50	3 "
Siccatif chromo transparent	1 75	1 50
à l'alcool	2 "	1 75

Enduits hydrofuges de L. Caron

(Série des prix 1887)

	DÉTAIL	GROS
N° 1 Préservatif Léo gris	2 50	
N° 2 Email blanc.	3 50	3 "
N° 3 Gris-Léo (poudre).	1 25	1 "
N° 4 Liquide Caron.	1 50	1 25
N° 5 Préservateur L. C.	3 "	2 50
N° 6 Lithochrome L. C.	90	
Ciment (simili-pierre).	80	
Badigeon (simili-fresque)		
Voir la Notice, pour emploi des Enduits.		

Vernis industriels siccatifs

peinture-vernis pour bois et fers.

Blanc, gris, bleu, vert clair, le kilo	
vert foncé, vert bronze,	2 50	2 25
rouge, brun, jaune, rotin,	
noir, etc.	

Encaustique Concentré à l'eau

pour faire soi-même son encaustique pour parquets, teinté jaune ou chêne en boîtes de 25, 50 et 100 k.

Le litre 50. — Les 0/0 litres 40 fr.

EMBALLAGES ET EXPÉDITIONS

Les vernis sont livrés en fûts de 50, 100 et 200 k. environ (poids brut) — en caisses 10 fr. de plus les 100 k. — les verres impalpables, en caisses de 5 et 10 k. sans augmentation — les verts français à l'essence de 25 k. ou fûts de 50 et 100 k. — les autres verts en caisses de 5, 10, 25 k. et fûts — les verts français en poudre, en caisses de 25, 50 et 100 paq. de 500 gram. — les siccatifs liquides, en bidons de 5, 10, 25 lit. — de même les vernis gras et autres, — moins de 5 lit. le vernis est facturé 0 50 par lit. — le vernis à l'alcool sont livrés logement en sus — les chromo-cire et en bidons sont livrés brut pour net — Les emballages (bidons et touries) facturés sont repris en bon état, franco à notre domicile. — les paniers et fûts avec 20 % de perte.

COULEURS

	DÉTAIL	GROS
Noir d'ivoire impalp.... kilo.	2 25	
" de fumée........dep.	1 50	
léger de Paris.....	2 50	
d'ivoire (essence)	4 "	
charbon à l'huile.	1 "	80
Ocres fines à l'huile	25	15
Ocres jaune ou rouge à maçon.		
Ocres supérieures L.C. — Impalpables.		
JCLS (claire).	50	30
JPLS (foncée)	50	30
RFLS (rouge)	50	30
Ocre Mexico claire...	50	30
" foncée.	50	30
brune.	60	30
Rouge de France.	3 50	
américain.	4 "	
Andrinople.	3 "	
turc.	5 "	
Terre Sienne nat. imp.	1 50	1 25
calcinée	1 50	1 25
ombre nat.	1 50	1 25
calc.	1 50	1 25
Cassel	2 40	
Terres à l'eau.	3 30	
" à l'huile.		
Vermillon factice.	30	cours
français.		
anglais		
à réchampir.		
Vert français A ord. 3 N°°	40	30
A 1/2 f.	80	40
B	80	60
C fin.		
D surfin.	80	
anglais à l'huile		
Vert Malakoff.....3 N°°	1 50	1 "
milori en graine.	6 "	
métis (ardoisée).	3 50	
Lumière ou zinc 3 N°°	3 "	
léger (devanture).	2 50	2 25
à la chaux.	2 50	1 75
à wagon.	2 50	
national.	3 50	
prussique (bleu)	3 50	
russe.	2 50	
olive.	2 50	
bronze, feuille morte.	2 50	
de gris (vert del).	4 50	

...ES POUR PEINTRES

...is, Siccatifs, Hydrofuges

CARON

CHERCHE-MIDI — PARIS

(Le Guide du Peintre.)